樹木 見分けのポイント図鑑

監修●畔上能力・菱山忠三郎・西田尚道
総監修●林弥栄
イラスト●石川美枝子

講談社

CONTENTS

樹木 見分けのポイント図鑑
ワンポイント検索イラストつき

◆ 春 の 樹 木 ◆

ミツバツツジ

- ●ツツジ科
  - アケボノツツジ／アカヤシオ／ムラサキヤシオ ……………10
  - ミヤマキリシマ／ウンゼンツツジ ……………………13
  - ミツバツツジ／トウゴクミツバツツジ／キヨスミミツバツツジ …16
  - サイゴクミツバツツジ／コバノミツバツツジ／
    トサノミツバツツジ ……………………………………18
  - ドウダンツツジ／サラサドウダン／カイナンサラサドウダン …22
- ●モクセイ科
  - レンギョウ／シナレンギョウ／チョウセンレンギョウ／
    ヤマトレンギョウ ………………………………………24
  - シオジ／ヤチダモ ……………………………………27
  - マルバアオダモ／コバノトネリコ／ミヤマアオダモ ……28
  - イボタノキ／オオバイボタ／ミヤマイボタ ………………29
- ●スイカズラ科
  - ニワトコ／ソクズ ………………………………………31
  - ウグイスカグラ／ミヤマウグイスカグラ ………………32
  - ツクバネウツギ／オオツクバネウツギ／ハナゾノツクバネウツギ …33
- ●ミズキ科
  - ヤマボウシ／ハナミズキ ……………………34
  - ミズキ／クマノミズキ …………………………36
- ●ウコギ科
  - ヒメウコギ／ヤマウコギ／オカウコギ ………38
- ●ツバキ科
  - ツバキ／ユキツバキ／サザンカ ……………42
  - ヒサカキ／サカキ／ハマヒサカキ ……………44
- ●トチノキ科
  - トチノキ／マロニエ／ベニバナトチノキ ……46
- ●ミカン科
  - サンショウ／イヌザンショウ ………………48
- ●マメ科
  - フジ／ヤマフジ ………………………………50
  - エニシダ／ヒメエニシダ／オウバイ(モクセイ科) …………52
  - ハリエンジュ／エンジュ／イヌエンジュ ………55
  - デイコ／アメリカデイコ／サンゴシトウ ………56
- ●トウダイグサ科
  - ユズリハ／ヒメユズリハ／エゾユズリハ ………59
- ●バラ科
  - ヤマザクラ／ソメイヨシノ／オオヤマザクラ …60
  - ヤマザクラ／カスミザクラ ……………………63
  - カスミザクラ／オオシマザクラ ………………64
  - マメザクラ／チョウジザクラ …………………65
  - エドヒガン／コヒガンザクラ …………………66
  - ウワミズザクラ／イヌザクラ／シウリザクラ …68

ツバキ

トチノキ

アンズ

	ウメ／アンズ …70
	モモ／スモモ …72
	ボケ／クサボケ …73
	ニワウメ／ユスラウメ／ニワザクラ …74
	カナメモチ／オオカナメモチ／セイヨウベニカナメ …76
	シャリンバイ／マルバシャリンバイ …78
	ズミ／エゾノコリンゴ …79
	ユキヤナギ／コデマリ …80
	ウラジロノキ／アズキナシ／オオウラジロノキ …82
●スズカケノキ科	スズカケノキ／アメリカスズカケノキ／モミジバスズカケノキ…84
●マンサク科	マンサク／シナマンサク／マルバマンサク …86
	トサミズキ／ヒュウガミズキ／コウヤミズキ …88
	フウ／モミジバフウ／トウカエデ(カエデ科) …90
●ユキノシタ科	ウツギ／マルバウツギ／ヒメウツギ …92
●クスノキ科	ダンコウバイ／アブラチャン／サンシュユ(ミズキ科) …94
	クスノキ／タブノキ／マテバシイ(ブナ科) …96
	ヤブニッケイ／ニッケイ …99
	クロモジ／オオバクロモジ／カナクギノキ／シロモジ …100
●モクレン科	ハクモクレン／ソトベニハクモクレン／シデコブシ …102
	モクレン／トウモクレン …104
	コブシ／タムシバ …106
	オオヤマレンゲ／ウケザキオオヤマレンゲ …108
	オガタマノキ／カラタネオガタマ …109
	シキミ／ミヤマシキミ／ツルシキミ(ミカン科) …110
●ロウバイ科	ロウバイ／ソシンロウバイ／クロバナロウバイ …112
●ボタン科	ボタン／シャクヤク／ヤマシャクヤク …114
●メギ科	ヒイラギナンテン／ホソバヒイラギナンテン …116
●クワ科	アコウ／ガジュマル …118
	ヤマグワ／コウゾ／カジノキ …120
●ニレ科	ケヤキ／ムクノキ／エノキ／エゾエノキ …122
	ハルニレ／アキニレ／オヒョウ …124
●カバノキ科	ハシバミ／ツノハシバミ …126
	シラカバ／ダケカンバ …128
	ヤシャブシ／オオバヤシャブシ／ヒメヤシャブシ …130
	ハンノキ／ケヤマハンノキ／ミヤマハンノキ …132
●クルミ科	オニグルミ／テウチグルミ …134
	サワグルミ／シナサワグルミ …135
●ヤナギ科	イヌコリヤナギ／コリヤナギ …137

マンサク

	ネコヤナギ／バッコヤナギ／フリソデヤナギ	138
	ヤマナラシ／ドロノキ	140
●ヤシ科	シュロ／トウジュロ	141
●イネ科	モウソウチク／マダケ／ハチク	142

◆ 夏 の 樹 木 ◆

●スイカズラ科	ヤブデマリ／ゴマギ／オオデマリ	146
	ハコネウツギ／ニシキウツギ	148
	ヒョウタンボク／イボタヒョウタンボク	149
●ノウゼンカズラ科	キササゲ／アメリカキササゲ	151
	ノウゼンカズラ／アメリカノウゼンカズラ	152
●クマツヅラ科	クサギ／ゲンペイクサギ	154
●フジウツギ科	フジウツギ／コフジウツギ	157
●モクセイ科	ライラック／ハシドイ	158
●エゴノキ科	ハクウンボク／コハクウンボク	159
●ハイノキ科	ハイノキ／クロバイ	160
●ツツジ科	ナツハゼ／ネジキ	161
	スノキ／ウスノキ	162
	ハクサンシャクナゲ／アズマシャクナゲ	164
	アオノツガザクラ／エゾノツガザクラ	166
●ウコギ科	コシアブラ／タカノツメ	167
●ヒルギ科	メヒルギ／オヒルギ／ヤエヤマヒルギ	168
●ミソハギ科	サルスベリ／シマサルスベリ	171
●グミ科	ナツグミ／アキグミ／ナワシログミ	172
●ジンチョウゲ科	ガンピ／コガンピ	173
●オトギリソウ科	キンシバイ／ビヨウヤナギ	174
●ツバキ科	ヒメシャラ／ナツツバキ	175
●アオイ科	ムクゲ／フヨウ／ハイビスカス	176
	ハマボウ／オオハマボウ	178
●シナノキ科	シナノキ／ボダイジュ	179
●ホルトノキ科／ヤマモモ科	ホルトノキ／ヤマモモ	180
●アワブキ科	アワブキ／ミヤマホウソ	181
●ニガキ科／センダン科	シンジュ／チャンチン	182
●マメ科	フジキ／ユクノキ	185
●バラ科	ノイバラ／テリハノイバラ／ヤマテリハノイバラ	186
	サンショウバラ／イザヨイバラ	189
	シモツケ／ホザキシモツケ	190
	ミヤマザクラ／タカネザクラ	191

ノウゼンカズラ

ハマボウ

	ニガイチゴ／ミヤマニガイチゴ	192
シモツケ	クサイチゴ／バライチゴ	193
	トベラ（トベラ科）／シャリンバイ／マルバシャリンバイ	194
	コゴメウツギ／カナウツギ	196
●ユキノシタ科	イワガラミ／ゴトウヅル	197
	ガクアジサイ／ヤマアジサイ／エゾアジサイ／タマアジサイ／アマチャ	198
	エゾスグリ／トガスグリ	201
	ヤブサンザシ／セイヨウスグリ	202

◆ 秋 の 樹 木 ◆

●スイカズラ科	ガマズミ／コバノガマズミ／ミヤマガマズミ／オトコヨウゾメ	206
●クマツヅラ科	ムラサキシキブ／ヤブムラサキ／コムラサキ	208
●モクセイ科	ネズミモチ／トウネズミモチ	211
	キンモクセイ／ギンモクセイ／ウスギモクセイ／ヒイラギモクセイ	212
●ハイノキ科	サワフタギ／タンナサワフタギ	214
●ツツジ科	クロマメノキ／クロウスゴ	215
	コケモモ／ツルコケモモ	216
●ミズキ科	アオキ／ヒメアオキ	218
●ウコギ科	ヤツデ／カクレミノ	220
●マタタビ科	マタタビ／ミヤママタタビ／サルナシ	222

ヤマウルシ

●ブドウ科	ヤマブドウ／エビヅル／ノブドウ／サンカクヅル	224
●クロウメモドキ科	クロツバラ／クロウメモドキ	226
●カエデ科	イロハカエデ／ヤマモミジ／オオモミジ	228
	ハウチワカエデ／コハウチワカエデ／オオイタヤメイゲツ	230
	イタヤカエデ／オニイタヤ／エンコウカエデ	232
	ウリハダカエデ／ホソエカエデ／テツカエデ／ウリカエデ	234
	アサノハカエデ／オガラバナ	236
	ミネカエデ／コミネカエデ	237
	ハナノキ／カラコギカエデ／サトウカエデ	238

アケビ

●ニシキギ科	ニシキギ／コマユミ	240
	ツリバナ／ヒロハツリバナ／オオツリバナ／サワダツ	242
	マサキ／ツルマサキ	244
●モチノキ科	モチノキ／クロガネモチ／アオハダ	246
	シナヒイラギ／アメリカヒイラギ	248
●ウルシ科	ヤマウルシ／ハゼノキ／ヤマハゼ／ウルシ／ヌルデ	250
●トウダイグサ科	コバンノキ／ヒトツバハギ	253

●ツゲ科/モチノキ科	ツゲ/イヌツゲ	254
●マメ科	ヤマハギ/マルバハギ/ミヤギノハギ/ツクシハギ/キハギ	256
●バラ科	フユイチゴ/ミヤマフユイチゴ/マルバフユイチゴ/ホウロクイチゴ	258
	タチバナモドキ/トキワサンザシ/ヒマラヤトキワサンザシ/ベニシタン	260
●クスノキ科	バリバリノキ/カゴノキ	264
●モクレン科	ビナンカズラ/マツブサ	265
●ツヅラフジ科	アオツヅラフジ/オオツヅラフジ	266
●アケビ科	アケビ/ミツバアケビ/ムベ	268
●ブナ科	アカガシ/ツクバネガシ	271
	シラカシ/ウラジロガシ/アラカシ/ウバメガシ/イチイガシ	272
	ブナ/イヌブナ	274
	クヌギ/アベマキ/クリ	276
	ツブラジイ/スダジイ	278
	カシワ/ミズナラ/コナラ	280
●カバノキ科	アカシデ/イヌシデ/クマシデ/サワシバ	282
●ヤブコウジ科	センリョウ(センリョウ科)/マンリョウ	284
	ヤブコウジ/ツルコウジ	286
●ミズキ科/ユリ科	ハナイカダ/ナギイカダ	287

マルバハギ

◆ 針葉樹 (裸子植物) ◆

●ヒノキ科	ヒノキ/サワラ	290
	アスナロ/クロベ	293
	イブキ/カイヅカイブキ	294
●スギ科	ラクウショウ/メタセコイア	296
	スギ	299
●マツ科	アカマツ/クロマツ	300
	ヒメコマツ/キタゴヨウマツ	302
	エゾマツ/アカエゾマツ/トウヒ	306
	シラビソ/オオシラビソ/トドマツ	308
	モミ/ウラジロモミ	310
	ツガ/コメツガ	312
●マキ科	イヌマキ/ラカンマキ	314
●イチイ科	イチイ/キャラボク	315
	カヤ/イヌガヤ	316
●イチョウ科	イチョウ	318
●ソテツ科	ソテツ	319

イチイの果実

クロマツ

◆ 木 の 情 景 ◆ 木 の 群 落 ◆

シロヤシオ …………12	ユキヤナギ …………81	
ヤマツツジ …………14	クスノキ ……………98	
モチツツジ …………15	トウモクレン ………105	
キシツツジ …………15	カツラ ………………117	
アセビ ………………20	ガジュマル …………119	
サツキ ………………21	ケヤキ ………………121	
ヒトツバタゴ ………26	シラカバ林 …………127	
キリ …………………30	シダレヤナギ ………136	
ヤマボウシ …………35	モウソウチク林 ……144	
キブシ ………………37	クチナシ ……………150	
ジンチョウゲ ………40	キョウチクトウ ……156	
ミツマタ ……………41	レンゲツツジ ………163	
ホオベニエニシダ …54	サキシマスオウノキ …170	
ジャケツイバラ ……58	ネムノキ ……………184	
オオヤマザクラ ……62	ハマナス ……………188	
カンヒザクラ ………69	アジサイ ……………200	
ヤマブキ ……………77	タイサンボク ………203	

黄葉のカラマツ林

ホオノキ ……………204	ナナカマド …………263
クコ …………………210	ナンテン ……………267
ヒイラギ ……………210	ヤドリギ ……………270
ザクロ ………………219	ミズナラ林 …………279
イロハカエデ ………227	センリョウ …………285
マユミ ………………241	ヒカゲヘゴ …………288
ツルウメモドキ ……245	ヒノキ林 ……………292
ウメモドキ …………245	ハイネズ ……………295
ドクウツギ …………249	ラクウショウ ………297
ナンキンハゼ ………252	北山杉の美林 ………298
シラハギ ……………255	ヒマラヤシーダー …304
バクチノキ …………262	ハイマツ ……………305
	カラマツ ……………313
	イチョウ ……………317
	ソテツ ………………320

海岸のオオハマボウ群落

■植物用語図解 …………………………………321
■植物名索引 ……………………………………329

この本の特徴と使い方

[特徴]
①◆見分けのポイントの設定
「この木とこの木はとてもよく似ているが、どこが違うのか？」という質問を植物愛好者からしばしば受ける。これに答えるために本書では、身近な樹木の中から、似ているものを2種、あるいは3種のセットで取りあげ、見分けのポイントをイラストで明示した。これによって、写真だけでは分かりにくい類似種の違いが明解になった。

②イラストの表し方
比較する植物の各部位で、違いが明瞭に分かる部分を描いた。ペンの線をはっきりさせるために、花や葉の色を薄めにしたので、イラストの植物の色は実際の植物の色ではない。

③キャッチフレーズの設定
比較する植物の違いが端的に分かるように、各組み合わせの最初にキャッチフレーズを入れた。

[編成]
①身近な樹木を取りあげ、まず、花の咲く季節に分けた。一部、果実の熟す季節、紅葉の季節を対象にしたものもある。花期が晩春～初夏、晩夏～初秋にまたぐ植物は、よりふさわしいと思われる季節で扱った。なお、類似植物を組み合わせるために、季節をずらして編成したものもある。

②季節内の植物の配列は、双子葉合弁花類、離弁花類、単子葉類の順とし、針葉樹（裸子植物）は季節からはずして最後の項で扱った。科の配列順は標準的な分類体系に準じたが、レイアウトや比較組み合わせの都合で、一部、順序を変えたところもある。

③ 木の情景 木の群落 のページを随所に設け、大きな写真スペースで植物を紹介した。

[解説文について]
①花期は本州の中央部（関東地方～近畿地方）の平地を基準にした。

②●印では、植物の形態的な特徴、比較の相手との違いなどを説明した（植物用語については、321ページからの植物用語図解を参照）。

③●印では、分布と生育地、外来種の場合は原産地を記し、さらに落葉樹、常緑樹の区別、高木（約10m以上）、小高木（5～9m）、低木（1～5m）、小低木（1m以下）の別を記した。和名の由来、用途、別名なども字数の可能な限り加えた。

扉ページの写真
p.1 [本扉] **オオバヤシャブシの雌花序**（3.17 本文130ページ参照）
p.9 [扉・春の樹木] **タムシバ**（4.28 本文106ページ参照）
p.145 [扉・夏の樹木] **タニウツギ**（谷空木） 花冠は筒部の短いろうと形で、長さ約3cm。鮮やかなピンクの花をつける。北海道～本州の日本海側の山地に多いスイカズラ科の落葉低木（6.2）
p.205 [扉・秋の樹木] **ゴンズイ**（権萃） 関東地方以西～沖縄の山野に生えるミツバウツギ科の落葉小高木。秋に半月形の果実が赤く熟すと、中から黒い種子が顔をのぞかせる（11.5）
p.289 [扉・針葉樹] **縄文杉** 高さ約30mの偉容を誇る屋久スギの代表格（鹿児島県屋久島 11.7）

春の樹木

タムシバ

アケボノツツジ／アカヤシオ／ムラサキヤシオ

アケボノツツジは花柄もがくも無毛、アカヤシオは花柄のみ有毛、ムラサキヤシオは花柄、がく、子房とも有毛

ツツジ科

アケボノツツジ（曙躑躅）
花期・4～5月

●枝分かれがよく、小枝は細い。輪生状の5枚の葉の縁に剛毛がある。葉より先に枝先に淡紅色花をつける。10本の雄しべは基部まで無毛。高さ3～5m。●近畿地方以西、四国、九州の深山に生える落葉低木。和名は花色を夜明けの空に見立てたもの。

アカヤシオ（赤八塩）
花期・4～5月

●5枚の葉を輪生状につけ、花柄に腺毛がある。葉より先に淡紅色の花を開く。花冠は径5～6cmで上面に黄褐色の斑点がある。高さ3～5m。●福島県～兵庫県の山地に自生する落葉低木。和名は赤色の染料でよく染めあげたツツジの意。別名アカギツツジ。

ムラサキヤシオ（紫八塩）
花期・5～6月

●上の2種に比べて花の色が明らかに濃い。雄しべ10本の基部に白毛があるため、花冠の中央が白く抜けて見える。花柄、がく、子房と、花柱の基部に腺毛がある。高さ2～5m。●北海道～近畿地方の深山に生える落葉低木。別名ミヤマツツジ。

◆見分けのポイント

	花柄・がく・子房・花柱	雄しべ・花色
アケボノツツジ	 ●花柄，がく，子房，花柱はすべて無毛。	 ●雄しべ10本とも基部まで無毛。 ●花は淡紅色。
アカヤシオ	 ●花柄に腺毛があるが，がく，子房，花柱は無毛。	 ●雄しべ10本のうち，5本の基部に白毛がある。 ●花は淡紅色。
ムラサキヤシオ	 ●花柄，がく，子房と花柱の基部に腺毛がある。	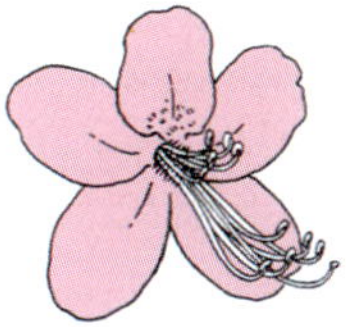 ●雄しべ10本の基部に，白毛がある。 ●花は上の2種より濃く，鮮かな紅紫色。

木の情景 春のやわらかい日ざしを浴びて咲き競うアケボノツツジ（高知県横倉山 4.19）

木の情景 シロヤシオ（白八塩） 清楚な白花に愛好者が多いツツジ。花冠の上面に緑色の斑点が入る。ゴヨウツツジ、マツハダともよばれる（東京都御岳山奥ノ院 5.19）

ミヤマキリシマ／ウンゼンツツジ　　　　ツツジ科

> 花に斑点がないミヤマキリシマ、ウンゼンツツジには濃い斑点

ミヤマキリシマ（深山霧島）
花期・5～6月
● 葉は長さ0.8～2cmと小さく、夏葉は越冬。花冠の内面に斑点は入らない。雄しべは5本。高さ1～2m。● 九州の山地に自生する半落葉低木。雲仙岳(うんぜんだけ)に多いのでウンゼンツツジともよぶが右の種類と混同されてまぎらわしい。

ウンゼンツツジ（雲仙躑躅）
花期・4～5月
● 若枝に褐色の毛が密生。花は径1～1.5cmとミヤマキリシマより小さく、内面上部に濃い斑点がある。高さ1～2m。● 静岡県天城山(あまぎさん)以西、四国、鹿児島県の山地に生える半常緑低木。雲仙の名がつくが雲仙岳には自生しない。

◆ 見分けのポイント

ミヤマキリシマ	ウンゼンツツジ
 ● 花冠の内面上部には斑点がない。 ● 葉の裏面の脈上に、褐色の毛がある。	 ● 花冠の内面上部に、濃紅紫色の斑点がある。 ● 葉の裏面の中肋にそって剛毛があるが、中肋以外は無毛。

春の樹木　13

木の情景　ヤマツツジ（山躑躅）　朱赤色の花を開き、各地の山野に最もふつうに見られるツツジ。雄しべは5本。夏葉や秋葉が冬をこす半落葉低木（能登半島九十九湾 6.8）

木の情景 ↑ **モチツツジ**（黐躑躅） 枝や花柄に腺毛（せんもう）が生え、さわると粘ることからこの名がある。雄しべは5本。暖かい地方の山や丘陵地に生える半常緑低木（京都府京見峠 5.6）

↓ **キシツツジ**（岸躑躅） 川岸や渓谷の岩場を好み野性味のあるツツジ。雄しべは10本。兵庫県以西、四国、九州に自生する常緑低木（高知県四万十川 4.18）

ミツバツツジ／トウゴクミツバツツジ／キヨスミミツバツツジ

ミツバツツジの葉柄は無毛、トウゴクミツバツツジは葉柄に毛がある

ミツバツツジ（三葉躑躅）
花期・3～4月

●枝は灰褐色。葉は枝先に3枚ずつ輪生する。若芽は裏側に巻き、腺毛があって粘る。葉より早く紅紫色の花を1～3個開く。花径3～4cmのろうと形で深く5裂して平開する。花柱は5本の雄しべより長い。高さ2～3m。●山地に生える落葉低木。

トウゴクミツバツツジ（東国三葉躑躅）
花期・5月

●葉の形、大きさともミツバツツジによく似るが、本種は葉柄に白っぽい褐色毛が密生する。開花時には若葉がかなり開いている。花は紅紫色でミツバツツジよりやや紫色がかる。雄しべは10本で長さは不同。高さ2～4m。●山地に生える落葉低木。

キヨスミミツバツツジ（清澄三葉躑躅）
花期・4～5月

●枝はやや細く無毛。葉はサイゴクミツバツツジに似ているが、毛は少ない。葉の裏面は表面より淡い緑色で、中脈の基部に白毛がある。花は径3～4cmで紅紫色。雄しべは10本。花柱は無毛。子房には褐色毛が密生。高さ2～3m。●山地に自生する落葉低木。

ツツジ科

◆見分けのポイント

ミツバツツジ

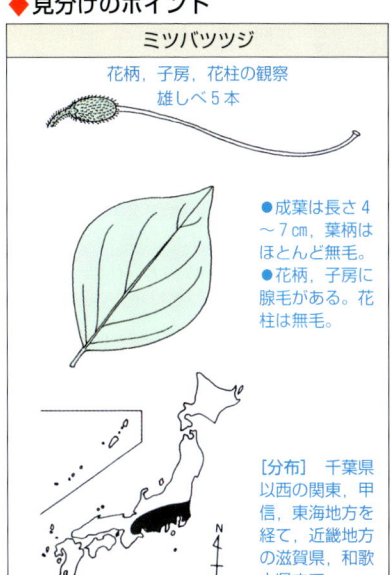

花柄，子房，花柱の観察
雄しべ5本

●成葉は長さ4〜7cm，葉柄はほとんど無毛。
●花柄，子房に腺毛がある。花柱は無毛。

[分布] 千葉県以西の関東，甲信，東海地方を経て，近畿地方の滋賀県，和歌山県まで。

木の情景 登山道わきに花を開いたミツバツツジ（東京都、山梨県三頭山 5.31）

トウゴクミツバツツジ

雄しべ10本

●成葉は長さ4〜7cm，裏面主脈と葉柄に白っぽい褐色毛が密生。
●花柄，子房に褐色毛が密生。花柱の基部に短い腺毛がある。

[分布] 宮城県以南の東北，関東，甲信，東海を経て，三重県鈴鹿山脈まで。

キヨスミミツバツツジ

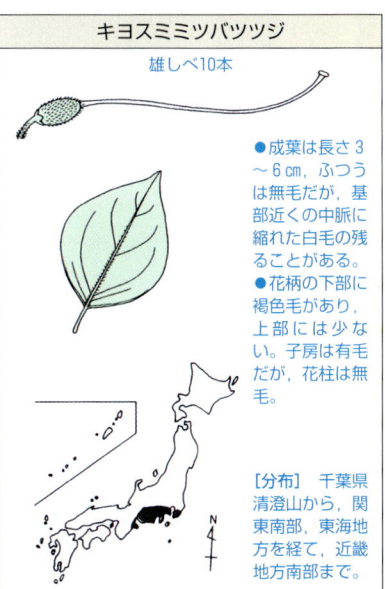

雄しべ10本

●成葉は長さ3〜6cm，ふつうは無毛だが，基部近くの中脈に縮れた白毛の残ることがある。
●花柄の下部に褐色毛があり，上部には少ない。子房は有毛だが，花柱は無毛。

[分布] 千葉県清澄山から，関東南部，東海地方を経て，近畿地方南部まで。

春の樹木　17

サイゴクミツバツツジ／コバノミツバツツジ／トサノミツバツツジ

葉が大きいサイゴクミツバツツジ、コバノミツバツツジは小形の葉

サイゴクミツバツツジ（西国三葉躑躅）
花期・5〜6月

●葉は枝先に3枚輪生、菱形状広卵形で先はとがる。花は葉より先か同時に咲き始め、広いろうと状の花冠が5裂し平開する。花径3.5〜4cm。雄しべは10本で長さは不同。高さ2〜3m。●山地に生える落葉低木。コバノミツバツツジより高地に生育する。

コバノミツバツツジ（小葉の三葉躑躅）
花期・4〜5月

●若枝には褐色の伏せ毛が多く、冬芽は粘り気がある。葉に先立って、枝先に1〜3個の花をつける。花径約3cm。葉は枝先に3枚輪生し菱形状卵形で、長さ3.5〜5cmとやや小形。雄しべは10本で花糸、花柱は無毛。高さ2〜3m。●低山に多い落葉低木。

トサノミツバツツジ（土佐の三葉躑躅）
花期・4月

●ミツバツツジの変種とされよく似ているが、本種は雄しべが10本あり、葉がやや小さい。右図のように分布も限られる。花は葉より早く咲き淡紅紫色。葉の両面に腺点がある。高さ2〜3m。●山地に生える落葉低木。別名アワノミツバツツジ。

ツツジ科

◆ 見分けのポイント

サイゴクミツバツツジ

花柄，子房，花柱の観察
雄しべ10本

●成葉は長さ5〜8 cm，ミツバツツジ類の中では大きい。葉の表面は無毛。裏面の主脈の基部と，葉柄上部にのみ毛が残る。
●花柄，子房に褐色毛が密生。花柱は無毛。

[分布] 山形県以西，北陸，長野，岐阜両県北部を経て，近畿，中国，四国，九州まで。

木の情景 仁和寺のコバノミツバツツジ（京都市 4.17）

コバノミツバツツジ

雄しべ10本

●成葉は長さ3.5〜5 cmでやや小形。全体に毛が多い。裏面は白緑色で葉脈が網状にはっきり見える。
●花柄と子房は有毛。花柱は無毛。

[分布] 長野県南西部と静岡県西部以西，近畿，中国地方を経て，四国，九州まで。

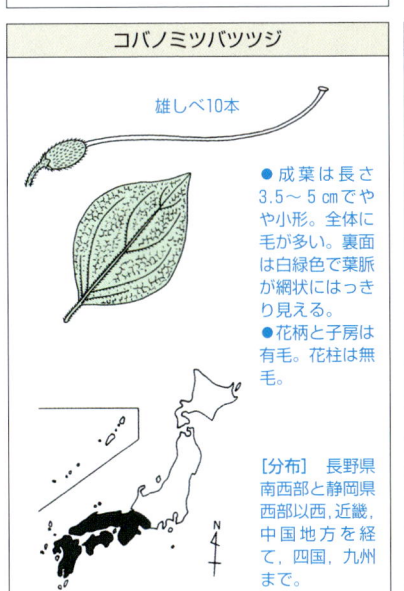

トサノミツバツツジ

雄しべ10本

●成葉は長さ3〜6 cm。ミツバツツジの葉よりやや小さい。葉柄には腺毛と長い軟毛がある。
●花柄には腺毛のほかに，下部に褐色毛がある。子房に短い腺毛がある。

[分布] 紀伊半島，四国西南部，九州南部の限られた地域に自生する。

木の情景　アセビ（馬酔木）　つぼ形の小さい花（円内）がすずなりにつく。高さ2〜4mのツツジ科の常緑低木だが、ときに写真のような見事な木に出会う（伊豆半島天城山 5.9）

木の情景 **サツキ**（皐月） 野生種は川岸の岩場に生育するが、近年は著しく減少した。多数の園芸品種のもとでもあるツツジ科の常緑低木。円内は野生種の花（神奈川県道志川 5.25）

ドウダンツツジ／サラサドウダン／カイナンサラサドウダン

ドウダンツツジはつぼ形の白花、サラサドウダンは鐘形で紅色のすじが入る

ドウダンツツジ（灯台躑躅）
花期・4月

●葉は枝先に輪生状に互生。新葉の下につぼ形の白花が散形状に下がり、花序の基部には赤褐色の苞葉がつく。果柄の先は真上を向く。高さ1～3m。●房総半島以南、四国、九州の山地にまれに自生する落葉低木。和名は分枝の形を結び灯台の脚にみたもの。

サラサドウダン（更紗灯台）
花期・6～7月

●枝先に紅色のすじが入った鐘形の花を総状に多数つり下げる。花冠の縁は5浅裂し、裂片はまるい。葉は長さ3～6cmで枝先に輪状に叢生。果柄の先は曲がって上を向く。高さ4～5m。●北海道～近畿地方の山地に生える落葉低木。別名フウリンツツジ。

カイナンサラサドウダン（海南更紗灯台）
花期・4～5月

●花序が長く、花序の軸は5.5～10cmにもなる。花序にはサラサドウダンよりも小さな花が多数つく。花冠は3分の1から2分の1ほども深く裂ける。果柄の先は曲がる。高さ4～5m。●静岡県西部、愛知県、近畿地方南部、四国に生える落葉低木。

ツツジ科

◆見分けのポイント

	花冠	花序
ドウダンツツジ	花柄10〜15mm ●長さ7〜8mmのつぼ形で白色。	●枝先に散形状につく。花序の基部に倒披針形の苞葉がつく。赤褐色で早落性。
サラサドウダン	花柄15〜25mm ●長さ8〜15mmの鐘形で、縁は花冠の4分の1ほど裂ける。色は帯白色または帯淡黄色で紅色のすじが入り、先端は淡紅色。	●枝先に総状につく。花序の基部に苞葉はない。
カイナンサラサドウダン	花柄3〜12mm ●長さ6〜8mmの鐘形で縁は3分の1〜2分の1まで深く裂ける。	●枝先に総状につき、花序が長く垂れ下がる。花序の基部には苞葉がある。

↓たくさんの花をつり下げたドウダンツツジ

↓サラサドウダンの紅葉と果実（10.28）

春の樹木　23

レンギョウ/シナレンギョウ/チョウセンレンギョウ/ヤマトレンギョウ

レンギョウの花は鮮やかな黄色、シナレンギョウは緑がかった黄色

レンギョウ（蓮翹）
花期・3～4月

●葉より早く鮮やかな黄色の花を開く。若枝には不明瞭な稜(りょう)があり、よく伸びて垂れる。雄しべより花柱(かちゅう)が長い。葉は対生(たいせい)し、卵形の単葉と3出複葉が混じる。高さ2～3m。
●中国原産の落葉低木。日本各地で植栽されている。別名レンギョウウツギ。

シナレンギョウ（支那蓮翹）
花期・4～5月

●やや緑がかった花を葉に先立って開く。若枝の断面は鈍い四角形。雄しべは花柱より短い。枝は立ち上がり、ほとんど垂れない。葉は長楕円形(ちょうだえんけい)～披針形(ひしんけい)で上半部に鋸歯がある。3出複葉はほとんど出ない。高さ2～3m。●中国原産の落葉低木。各地で植栽。

チョウセンレンギョウ（朝鮮蓮翹）
花期・3～4月

●葉に先立ってわずかに赤みがかった濃い黄色の花を開く。枝の断面は鈍い四角形で湾曲して長く伸びる。雄しべは花柱より長い。葉は卵形～卵状披針形で下部を除き鋭い鋸歯(きょし)がある。高さ2～3m。
●朝鮮半島原産の落葉低木。日本各地で植栽。

モクセイ科

春の樹木

◆ 見分けのポイント

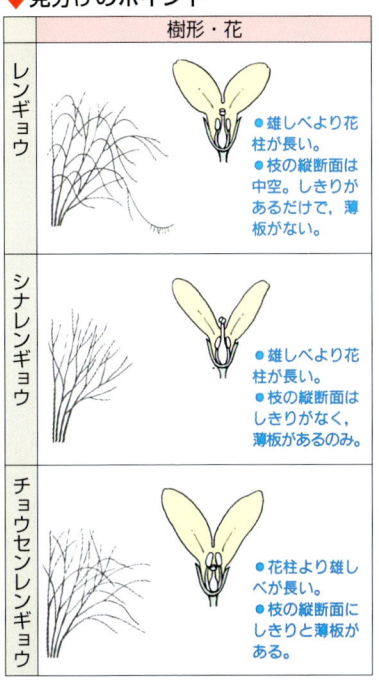

	樹形・花
レンギョウ	●雄しべより花柱が長い。●枝の縦断面は中空。しきりがあるだけで、薄板がない。
シナレンギョウ	●雄しべより花柱が長い。●枝の縦断面はしきりがなく、薄板があるのみ。
チョウセンレンギョウ	●花柱より雄しべが長い。●枝の縦断面にしきりと薄板がある。

木の情景　早春、細い枝に花をつけたレンギョウ（東京都調布市神代植物園 3.15）

● 似ている種類

↓レンギョウの果実（12.4）

ヤマトレンギョウ（大和蓮翹）
花期・4月

●日本産のレンギョウ。葉より早く径2.5cmぐらいの小形の黄花が咲く。雄しべは花柱より短い。高さ1〜2.5m。●中国地方の山地にまれに自生が見られる落葉低木。

春の樹木　25

木の情景 ヒトツバタゴ　中部地方の数ヵ所と九州の対馬に隔離分布する珍しい木。別名ナンジャモンジャ。モクセイ科の落葉高木（東京都八王子市、植栽 5.13）

シオジ／ヤチダモ

モクセイ科

シオジは小葉の基部が無毛、ヤチダモには赤褐色の軟毛が密生

シオジ（塩地）
花期・4〜5月
●花冠のない小さい花を円錐花序につける。葉は羽状複葉。小葉は基部に向かって小さくなる。対生する葉柄の基部はふくらみ、枝の半分を抱く。高さ約25m。●関東地方以西、四国、九州の山地に生える落葉高木。別名コバチ。

ヤチダモ（谷地だも）
花期・4〜5月
●黄褐色で花冠のない小さい花を円錐花序につける。葉は羽状複葉で、小葉の基部には赤褐色の軟毛が密生。対生する葉柄の基部はふくらみ、枝の4分の1を抱く。高さ約25m。●北海道〜中部地方の山地に生える落葉高木。

◆見分けのポイント

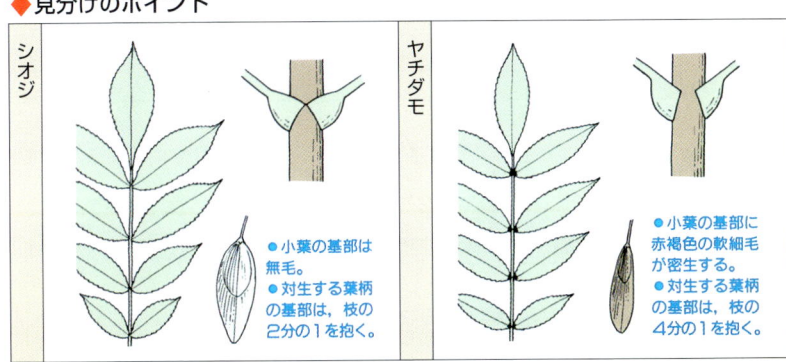

シオジ
●小葉の基部は無毛。
●対生する葉柄の基部は、枝の2分の1を抱く。

ヤチダモ
●小葉の基部に赤褐色の軟細毛が密生する。
●対生する葉柄の基部は、枝の4分の1を抱く。

マルバアオダモ／コバノトネリコ／ミヤマアオダモ　　モクセイ科

マルバアオダモの葉は鋸歯が不明瞭、コバノトネリコは細かい鋸歯、ミヤマアオダモは鋭鋸歯

マルバアオダモ
花期・5月

●樹皮は暗灰色で枝は細い。複葉には5〜7枚の小葉があり長さ10〜20㎝。新枝の先や葉のわきから円錐花序を出し多くの白花を開く。雌雄異株。翼果は倒披針形。高さ5〜15m。●北海道〜九州の山野に生える落葉高木。別名ホソバアオダモ。

コバノトネリコ
花期・5月

●全体にほとんど無毛。葉は質がやや薄く縁に細かい鋸歯がある。白花はマルバアオダモに似る。高さ5〜15m。●北海道〜九州の山地に生える落葉高木。別名アオダモ。有毛のものはケアオダモまたはアラゲアオダモとして区別する。

ミヤマアオダモ
花期・5月

●枝はやや細くて無毛。小葉の先はとがり、網脈が発達、縁に鋭い鋸歯がある。冬芽の鱗片は早くから開出し赤褐色の毛が密生。花は白色で円錐花序に多数開く。高さ5〜12m。●本州、四国の深山に自生する落葉小高木。別名コバシジノキ。

◆見分けのポイント

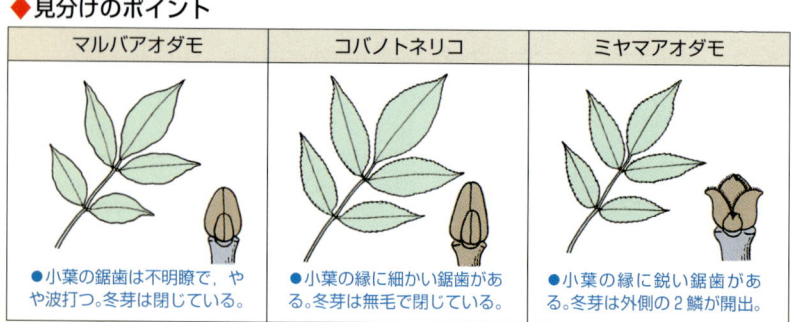

マルバアオダモ	コバノトネリコ	ミヤマアオダモ
●小葉の鋸歯は不明瞭で、やや波打つ。冬芽は閉じている。	●小葉の縁に細かい鋸歯がある。冬芽は無毛で閉じている。	●小葉の縁に鋭い鋸歯がある。冬芽は外側の2鱗が開出。

春の樹木

イボタノキ／オオバイボタ／ミヤマイボタ　　モクセイ科

イボタノキは葉先がまるく、オオバイボタは葉に光沢、ミヤマイボタは両端がとがる

イボタノキ（水蠟の木）
花期・5月
●枝は灰白色。長さ2～3cmの小形の総状花序に白花が密につく。葉は細長くふつう鋸歯はない。葉質は薄く光沢はない。高さ2～4m。●北海道～九州の山野に生える落葉低木。この仲間は樹皮にイボタロウムシが寄生しイボタロウがとれる。

オオバイボタ（大葉水蠟）
花期・6～7月
●枝は灰褐色でよく分枝する。葉は3種のうちで最も大きく、楕円形～倒卵形。花序も大形で長さ7～10cmの円錐花序に白い花を多数つける。高さ2～4m。●本州、四国、九州の暖地の海岸近くに生える半落葉低木。庭にも植えられる。

ミヤマイボタ（深山水蠟）
花期・6～7月
●枝は灰色でよく分枝する。若枝に細毛があるが、のち無毛。長さ2～7cmの細い円錐花序にイボタノキよりも少数の白花をつける。葉裏には毛があるが、変異が多い。高さ1～3m。●北海道～九州の深山に生える落葉低木。別名オクイボタ。

◆見分けのポイント

イボタノキ	オオバイボタ	ミヤマイボタ
●長楕円形で円頭。葉質は薄く、光沢がない。	●3種のうち最大で楕円形～倒卵形。質は厚く光沢がある。	●披針形～卵形で両端はとがる。質は薄く光沢はない。

木の情景　キリ（桐）　観賞用よりも家具や建築材への有用材として各地で植栽されている。紫色の花は大形で美しい。ノウゼンカズラ科の落葉高木（東京都高尾山 5.14）

ニワトコ／ソクズ

スイカズラ科

ニワトコは葉柄に稜がない低木、ソクズは葉柄に稜のある草

ニワトコ（庭常）
花期・4〜5月

●山野では芽出しが早く目立つ。花冠裂片は先がまるく、葉柄に稜はない。高さ3〜6m。●北海道〜奄美大島の山野に生える落葉低木。幹の髄を顕微鏡用の切片作製に、花、枝、葉を薬用にする。別名セッコツボク。

ソクズ
花期・7〜8月

●花や葉が低木のニワトコに似た草なのでクサニワトコの別名がある。花冠の裂片は先がとがり、葉柄には稜がある。高さ約1.5m。●本州、四国、九州の野原や川沿いに生える多年草。根や葉はリューマチなどの薬用。

◆見分けのポイント

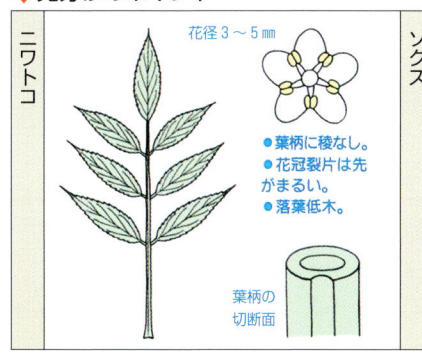

ニワトコ / 花径3〜5mm
- 葉柄に稜なし。
- 花冠裂片は先がまるい。
- 落葉低木。
- 葉柄の切断面

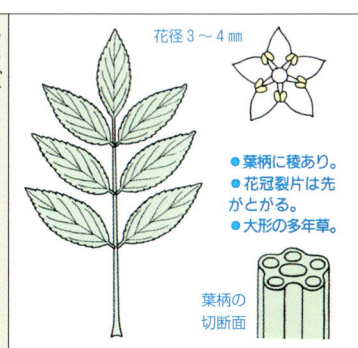

ソクズ / 花径3〜4mm
- 葉柄に稜あり。
- 花冠裂片は先がとがる。
- 大形の多年草。
- 葉柄の切断面

ウグイスカグラ／ミヤマウグイスカグラ　　スイカズラ科

花や果実が無毛のウグイスカグラ、腺毛があるミヤマウグイスカグラ

ウグイスカグラ（鶯神楽）
花期・4〜5月
●葉のわきから淡紅色の花が1〜2個垂れ下がる。花冠は細いろうと状で先端は5裂して平開。花筒、子房とも無毛。果実は6月に赤く熟す。高さ1.5〜3m。●北海道、本州、四国の山野に生える落葉低木。別名ウグイスノキ。

ミヤマウグイスカグラ（深山鶯神楽）
花期・4〜5月
●枝葉は有毛。花冠や果実に腺毛が密生する。枝は灰色をおびた赤褐色でよく分枝する。果実は6〜7月に赤く熟して食べられる。高さ1.5〜2m。●北海道南部、本州、四国、九州の山野に生える落葉低木。庭園樹にも使う。

◆ 見分けのポイント

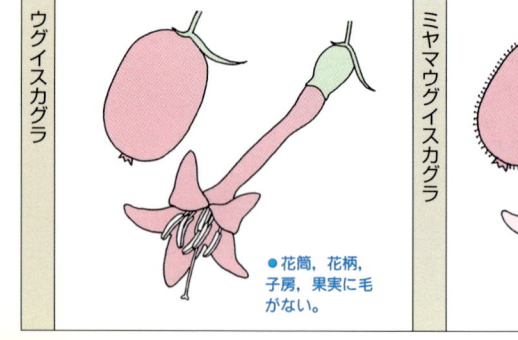

ウグイスカグラ
●花筒、花柄、子房、果実に毛がない。

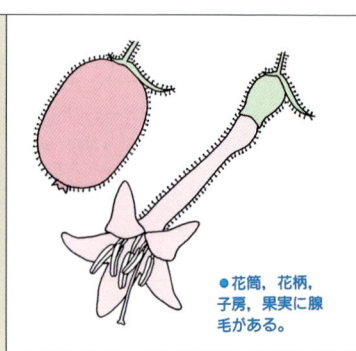

ミヤマウグイスカグラ
●花筒、花柄、子房、果実に腺毛がある。

ツクバネウツギ／オオツクバネウツギ／ハナゾノツクバネウツギ　スイカズラ科

5個のがく片が同形同大のツクバネウツギ、オオツクバネウツギは1個が小さい

ツクバネウツギ（衝羽根空木）
花期・5月
●枝は灰白色。葉は対生し、広卵形〜長楕円形。赤褐色の細い新枝の先に淡黄色の花が2個ずつ開く。花冠は2〜3cmの筒状鐘形。高さ1.5〜2m。
●本州、四国、九州の山地に生える落葉低木。和名は果実の先に衝羽根に似たがく片が残るため。

オオツクバネウツギ（大衝羽根空木）
花期・5月
●葉は対生し広卵形。花冠の長さ3〜4cmと大形。新枝の先に筒状鐘形の花を2個つける。5個のがく片のうち背面の1個が極端に小さいか退化。高さ1〜2m。●関東以西、四国、九州の山地に生える落葉低木。別名メックバネウツギ。

ハナゾノツクバネウツギ（花園衝羽根空木）
花期・5〜11月
●小枝は鮮紅色。葉は対生で長さ2〜4cm。枝はよく分枝し、枝先に花冠の長さ1.5〜2cmの花をつける。花は少し香る。花期は長く秋まで。高さ1〜2m。●中国系の種の交雑による園芸種で、常緑〜半落葉低木。自生はない。別名アベリア。

◆**見分けのポイント**

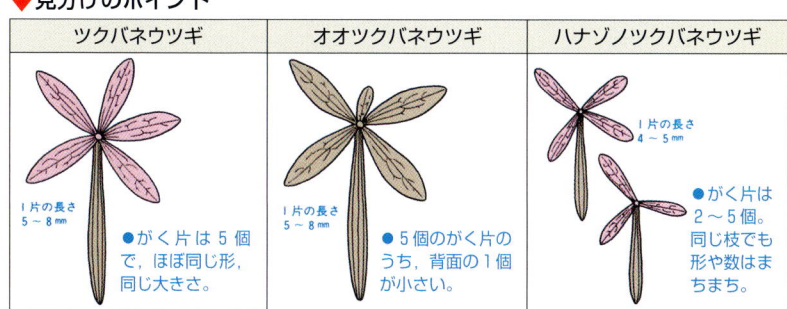

ツクバネウツギ	オオツクバネウツギ	ハナゾノツクバネウツギ
1片の長さ 5〜8mm　●がく片は5個で、ほぼ同じ形、同じ大きさ。	1片の長さ 5〜8mm　●5個のがく片のうち、背面の1個が小さい。	1片の長さ 4〜5mm　●がく片は2〜5個。同じ枝でも形や数はまちまち。

春の樹木

ヤマボウシ／ハナミズキ

ミズキ科

総苞片の先がとがるヤマボウシ、へこんでいるのはハナミズキ

ヤマボウシ（山法師）
花期・6〜7月
●小さい花が多数集まり球形の頭状花序（とうじょうかじょ）をつくる。花弁に見える4片の白い総苞片（そうほうへん）は先がとがる。果実は集合果で秋に赤く熟し、食べられる。高さ5〜10m。●本州、四国、九州の山野に生える落葉小高木〜高木。別名ヤマグワ。

ハナミズキ（花水木）
花期・4〜5月
●ヤマボウシよりも開花が早い。総苞片の先はへこむ。葉は裏が白っぽい。果実は核果で秋に深紅色に熟す。高さ5〜12m。●北米、メキシコ原産の落葉小高木〜高木。赤、ピンク、黄花などもある。別名アメリカヤマボウシ。

◆ 見分けのポイント

ヤマボウシ	ハナミズキ
 ●中心部が花の集まりで、花弁状の総苞片の先はとがる。●果実は集合果で直径1〜1.5cmの球形。	 ●中心部が花の集まりで、花弁状の総苞片の先はへこむ。●核果は楕円形で枝先に集まってつくが、それぞれ分離し集合果とはならない。

34　春の樹木

木の情景 芦ノ湖を背に咲くヤマボウシ（神奈川県箱根樹木園 6.18）

ミズキ／クマノミズキ

ミズキ科

ミズキの葉は枝先に集まって互生、クマノミズキの葉は対生

ミズキ（水木）
花期・5〜6月
●小枝は放射状に広がり、段状の独特な樹形となる。葉は互生し枝先に集まる。葉の幅は広く、裏は粉白色(ごせい)。果実は球形で種子の核の先に穴がある。高さ10〜20m。●北海道〜九州の山地に生える落葉高木。別名クルマミズキ。

クマノミズキ（熊野水木）
花期・6〜7月
●葉は対生し、ミズキに比べ葉の幅が狭く先がとがる。花期が同じ場所ではミズキより約1ヵ月遅い。果実はミズキよりやや小さな球形で種子の核の先に穴はない。高さ10〜18m。●本州、四国、九州の山地に生える落葉高木。

◆ **見分けのポイント**

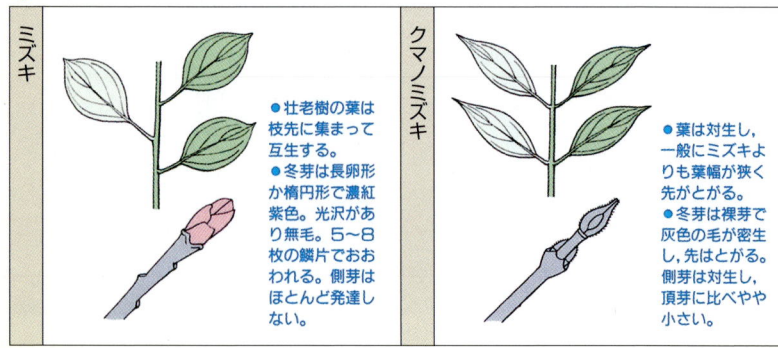

ミズキ
●壮老樹の葉は枝先に集まって互生する。
●冬芽は長卵形か楕円形で濃紅紫色。光沢があり無毛。5〜8枚の鱗片でおおわれる。側芽はほとんど発達しない。

クマノミズキ
●葉は対生し、一般にミズキよりも葉幅が狭く先がとがる。
●冬芽は裸芽で灰色の毛が密生し、先はとがる。側芽は対生し、頂芽に比べやや小さい。

春の樹木

木の情景 キブシ（木五倍子） 淡黄色の花が穂になって垂れる。果実を五倍子（フシ）の代用として黒色の染料に利用。山野に生えるキブシ科の落葉低木（神奈川県相模湖 4.1）

ヒメウコギ／ヤマウコギ／オカウコギ

ヒメウコギの花柄は葉より長く、ヤマウコギは花柄が短小、オカウコギはほぼ同長

ウコギ科

ヒメウコギ（姫五加）
花期・5〜6月

●枝は灰色でとげがある。密生した葉の中から、葉よりも長い花柄（かへい）を出し黄緑色の花をつける。果実は黒く熟し、5〜7室からなる。高さ2m内外。●中国原産の落葉低木で、薬用植物として渡来し、野生化もみられる。若い葉は食用、根は薬用となる。別名ウコギ。

ヤマウコギ（山五加）
花期・5月

●高さ2〜4mでウコギ類ではいちばん大きくなる。葉は掌状複葉（しょうじょうふくよう）で小葉（しょうよう）は5枚、頂小葉が最大。柄にとげがある。花は黄緑色で球形の散形花序（さんけいかじょ）に多数つく。花柄は葉より短い。●北海道、本州の山野にふつうに生える落葉低木。別名オニウコギ、ウコギ。

オカウコギ（岡五加）
花期・5月

●枝には太いとげがある。葉は小形の掌状複葉で5枚、縁に低い欠刻状重鋸歯（けっこくじょうじゅうきょし）がある。裏面の脈は多少隆起。花柄は葉柄とほぼ同長で、黄緑色の花を多数つける。高さ2〜3m。●福島県以南、四国、九州の山地に生える落葉低木。別名マルバウコギ、ツクシウコギ。

◆見分けのポイント

ヒメウコギ

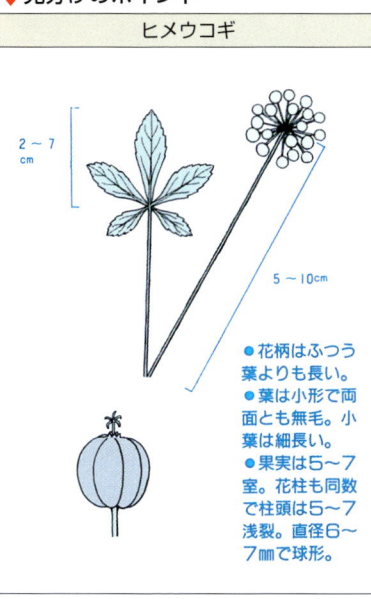

2〜7 cm

5〜10cm

- 花柄はふつう葉よりも長い。
- 葉は小形で両面とも無毛。小葉は細長い。
- 果実は5〜7室。花柱も同数で柱頭は5〜7浅裂。直径6〜7㎜で球形。

↑オカウコギの果実（東京都八王子市多摩森林科学園 7.15）

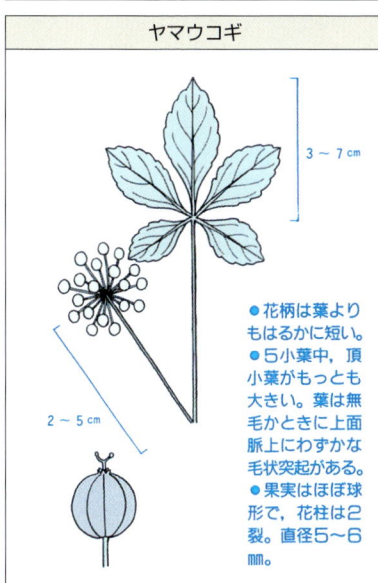

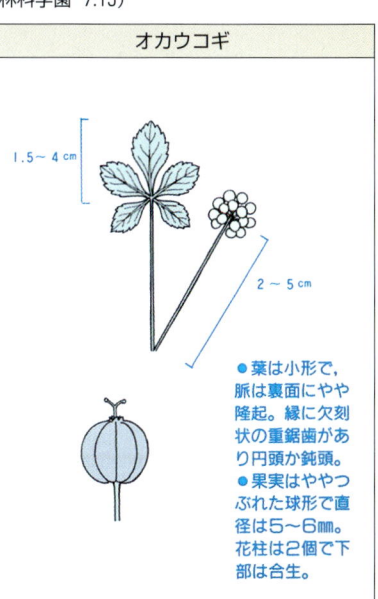

ヤマウコギ

3〜7 cm

2〜5 cm

- 花柄は葉よりもはるかに短い。
- 5小葉中，頂小葉がもっとも大きい。葉は無毛のときに上面脈上にわずかな毛状突起がある。
- 果実はほぼ球形で，花柱は2裂。直径5〜6㎜。

オカウコギ

1.5〜4 cm

2〜5 cm

- 葉は小形で，脈は裏面にやや隆起。縁に欠刻状の重鋸歯があり円頭か鈍頭。
- 果実はややつぶれた球形で直径は5〜6㎜。花柱は2個で下部は合生。

春の樹木 39

木の情景 ジンチョウゲ（沈丁花）　花の香りで知られる木だが、花弁に見えるのはがく片で、筒状のがくの先が4裂したもの。中国原産のジンチョウゲ科の常緑低木（八王子市　3.28）

木の情景 ミツマタ（三叉、三椏）　3本ずつ分枝する枝先に黄色の花をつける。中国、ヒマラヤ原産のジンチョウゲ科の落葉低木。製紙用におもに西日本で栽培（高知県横倉山　4.20）

ツバキ／ユキツバキ／サザンカ

花弁が平開せずポトリと落ちるツバキ、ユキツバキは平開し、サザンカは雄しべがばらばら

ツバキ科

ツバキ（椿）
花期・2〜4月

●葉は大きく厚く表面は濃緑色で光沢(こうたく)がある。多数の雄しべの下半部は合着して筒状。やくは黄色。高さ10〜15m。
●本州から沖縄までの沿海地や山地に生える常緑高木。栽培品種も多い。果実は球形で種子から椿油をとる。別名ヤブツバキ、ヤマツバキ。

ユキツバキ（雪椿）
花期・4〜5月

●幹は叢生状(そうせいじょう)でよく枝分かれする。枝はしなやか。花弁はツバキより細く、平開して咲く。やくも花糸(かし)も黄色。高さ1〜2m。●岩手県、秋田県以南、滋賀県北部までのおもに日本海側の多雪地帯に生える常緑低木。ツバキとの中間型にユキバタツバキがある。

サザンカ（山茶花）
花期・10〜12月

●葉は上の2種より小形で、若枝や葉柄(ようへい)は多毛。白色の5弁花は平開したのち、1枚ずつ散っていく。果実は径1.5〜2cm、卵球状で細毛が密生する。高さ5〜6m。●四国、九州、沖縄の山地に自生する常緑小高木。植栽はほぼ全国的で園芸種も多い。

春の樹木

◆見分けのポイント

	花弁	花糸・子房
ツバキ	●花は赤の5弁で開展しない。 ●花弁の先はあまり割れない。	雄しべの花糸 ●花糸の半分ぐらいがくっついており筒状。 ●子房は無毛。
ユキツバキ	●花は平開する。 ●花弁の先は割れることが多い。	雄しべの花糸 ●花糸の1/3ほどがくっつく。 ●子房は無毛。
サザンカ	●花は平開する。 ●花弁は1枚ずつ散る。	雄しべの花糸 ●花糸はまったくくっつかず離れている。 ●子房は有毛。

↓ツバキの果実（9.14）

木の情景　山中に生えるツバキ（東京都御岳渓谷　4.4）

ヒサカキ／サカキ／ハマヒサカキ

ヒサカキは葉に鋸歯があり、サカキにはなし、ハマヒサカキは葉先がまるい

ヒサカキ（柃、姫榊）
花期・3～4月

●葉のわきに直径5～6mmの小さい白花を束生。花には悪臭がある。雌雄異株および両性花。葉は楕円形で光沢があり、縁に鈍い鋸歯がある。高さ4～8m。●日本各地の山地に生える常緑小高木。関東地方では枝を神棚に供えるが、仏壇に供える地方もある。

サカキ（榊）
花期・6～7月

●神社でよく見かける木。花は白色～クリーム色で径約15mmとヒサカキより大きい。雄しべは多数で、やくは有毛。葉は大きく全縁で、光沢はない。雌雄同株。高さ8～10m。●関東南部～沖縄の山地に自生する常緑小高木。別名マサカキ、ホンサカキ。

ハマヒサカキ（浜柃、浜姫榊）
花期・2～4月

●枝は水平に伸び、葉も枝に対して左右水平に茂る。ヒサカキ、サカキと異なり葉先はまるいかややへこむ。雌雄異株で雌花は雄花より小さい。葉質は厚く光沢がある。高さ1.5～5m。●房総半島～沖縄の海岸に生える常緑低木。別名イリヒサカキ、イリシバ。

ツバキ科

春の樹木

◆見分けのポイント

ヒサカキ

葉の長さ3〜7cm

果実

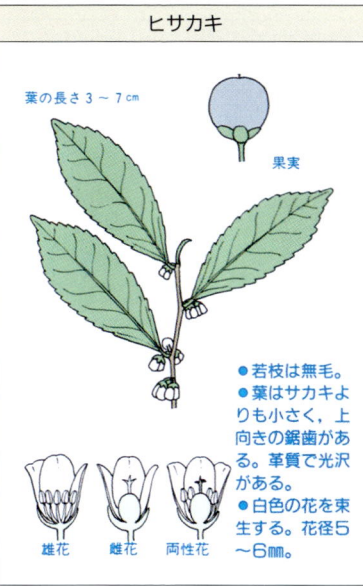

- 若枝は無毛。
- 葉はサカキよりも小さく,上向きの鋸歯がある。革質で光沢がある。
- 白色の花を束生する。花径5〜6mm。

雄花　雌花　両性花

↑ヒサカキの果実　径4〜5mm、秋に黒く熟す（10.18）

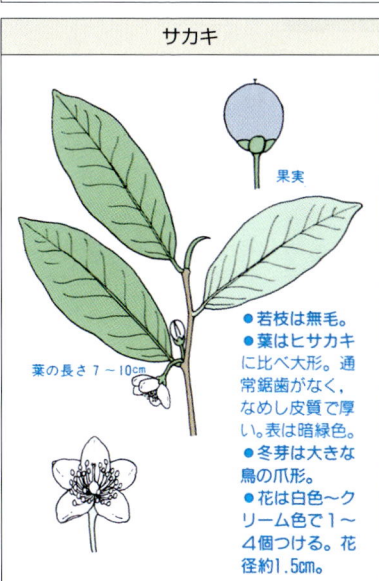

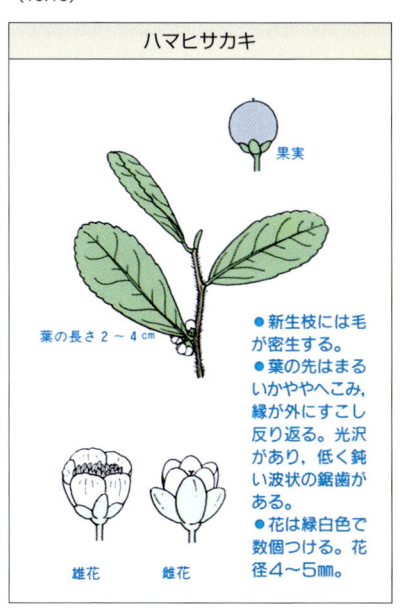

サカキ

果実

葉の長さ7〜10cm

- 若枝は無毛。
- 葉はヒサカキに比べ大形。通常鋸歯がなく,なめし皮質で厚い。表は暗緑色。
- 冬芽は大きな鳥の爪形。
- 花は白色〜クリーム色で1〜4個つける。花径約1.5cm。

ハマヒサカキ

果実

葉の長さ2〜4cm

- 新生枝には毛が密生する。
- 葉の先はまるいかややへこみ,縁が外にすこし反り返る。光沢があり,低く鈍い波状の鋸歯がある。
- 花は緑白色で数個つける。花径4〜5mm。

雄花　雌花

春の樹木　45

トチノキ／マロニエ／ベニバナトチノキ　　　トチノキ科

トチノキの葉は表面にしわがなく、マロニエの葉にはしわがある

トチノキ（橡の木）
花期・5〜6月

●枝先に15〜25cmの円錐花序が直立し、白色に紫色のぼかしのある花を密生させる。葉は対生し、大形の掌状複葉で小葉は5〜7枚、小葉は長さ30cmにもなる。果実は径約4cm、果皮は厚くいぼ状の突起におおわれるが、マロニエのようなとげはない。高さ15〜35m。
●北海道〜九州の山地に自生する落葉高木。花は蜜源。種子は渋ぬきをしてトチ餅に使われる。

マロニエ
花期・5〜6月

●小葉の表面にしわがあること、花色が白に底紅であること、果皮に大きいとげがあることで区別できる。葉は対生し、トチノキよりやや小さい掌状複葉。円錐花序は10〜15cm。花は白にやや赤みがさす。高さ20〜25m。●バルカン半島南部原産の落葉高木。パリをはじめヨーロッパの都市の街路や公園に多い。日本へは明治中期に渡来。別名セイヨウトチノキ、ウマグリ。

◆見分けのポイント

	葉	果実
トチノキ		●3種のうち最大で縁に鈍い重鋸歯があり、平行脈が多い。表面にしわはほとんどなく、裏面に軟毛が生える。	●果皮が厚く皮目状の突起が密生するが、とげはない。
マロニエ		●トチノキより小さく、縁にはっきりした重鋸歯がある。表面にしわがあり、裏面は最初有毛だが、のち無毛となる。	●果皮には硬く大きなとげがある。

●似ている種類

↓マロニエの果実（ポーランド、クラコウ 10.17）

ベニバナトチノキ（紅花橡の木）
花期・5〜6月

●マロニエを片親としてつくられた園芸品種。掌状葉と円錐花序は左の2種と同じだが、花が赤いのですぐ区別できる。果実のとげはマロニエより小さい。高さ10〜20m。●ヨーロッパ、アメリカ、日本などでよく植えられている落葉高木。

春の樹木　47

サンショウ／イヌザンショウ　　ミカン科

とげが対生につくサンショウ、互生ならイヌザンショウ

サンショウ（山椒）
花期・4～5月

●葉をもむとさわやかな香り。葉柄の基部に対生するとげがある。葉は互生し、奇数羽状複葉で小葉は長さ1～3cmの長楕円形、油点があり縁は鈍い鋸歯。花は黄緑色で小さい。果実は赤褐色の球形。種子は黒色で辛い。高さ2～4m。●日本各地の山地に生える落葉低木。栽培もされる。若葉や種子は香味料、果皮は薬用、材はすりこぎに使われる。別名ハジカミ。

イヌザンショウ（犬山椒）
花期・7～8月

●姿はサンショウによく似ているが、葉がサンショウより細く、もむと臭みがある。幹を傷つけても悪臭が出る。とげは互生。開花期も遅い。花はサンショウよりも数多く咲き、淡緑色。果実は紅紫色をおびた楕円状球形で、熟すと黒い種子が現れる。高さ2～3m。●本州、四国、九州の山野に生える落葉低木。葉も種子も香味料にならない。それが和名のもと。

◆ 見分けのポイント

	とげ	花	
サンショウ	●枝や葉柄の基部に対生する。	雌花　雄花	●黄緑色で花弁はない。 ●花柱が長い。
イヌザンショウ	●葉柄のやや下に1本ずつ互生する。	雌花　雄花	●淡緑色で花弁がある。 ●花柱が短い。

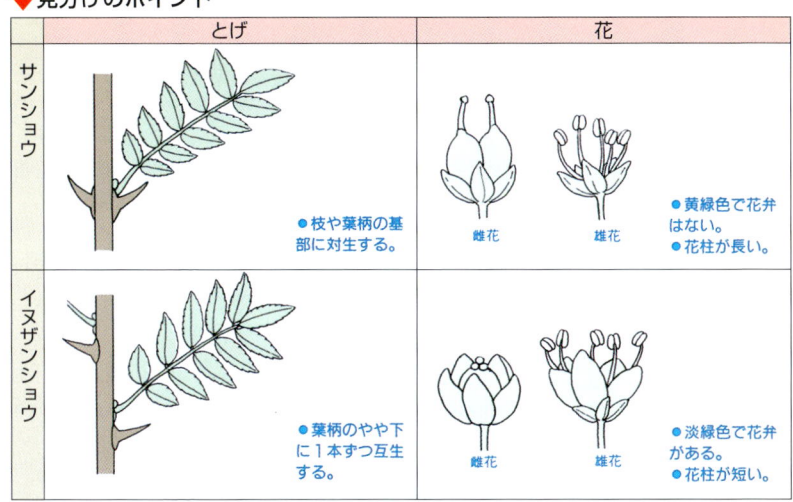

↓サンショウの冬芽（1.8）　　↓サンショウの果実（9.16）

春の樹木　49

フジ／ヤマフジ

フジは花序の上から下へ順々に花が咲き、ヤマフジはいっせいに開花する

フジ（藤）
花期・4〜6月

●花序は30〜90cmと長く、上（花序の基部）から下へ順に蝶形花を開くので、上部が開花しても下部にはつぼみがある。つるは右巻き。葉はヤマフジよりやや小形で質は薄い。扁平な豆果は秋に黒褐色に熟す。●本州、四国、九州の山地に自生するつる性の落葉樹。各地で広く植栽されている。別名のノダフジは、かつてのフジの名所、摂津の国の野田に起因。

ヤマフジ（山藤）
花期・4〜6月

●フジに比べて短めの20〜30cmの花序に、やや大きい蝶形花がいっせいに開き、開花時につぼみはほとんど残らない。つるは左巻き。若枝は有毛。成葉の葉裏は多毛。扁平な豆果の果皮にも短毛が密生する。●関東南部以西、四国、九州の日当たりのよい山野に生えるつる性の落葉樹。植栽も多い。白色花の品種はシロバナヤマフジ。園芸種はカピタンという。

マメ科

春の樹木

◆ 見分けのポイント

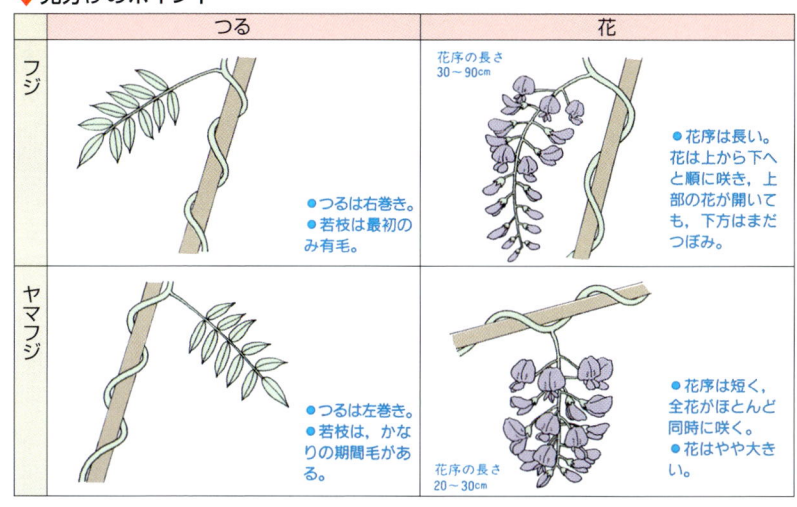

	つる	花
フジ	●つるは右巻き。 ●若枝は最初のみ有毛。	花序の長さ 30〜90cm ●花序は長い。花は上から下へと順に咲き、上部の花が開いても、下方はまだつぼみ。
ヤマフジ	●つるは左巻き。 ●若枝は、かなりの期間毛がある。	花序の長さ 20〜30cm ●花序は短く、全花がほとんど同時に咲く。 ●花はやや大きい。

↓フジの豆果　長さ12〜20cm（11.3）

木の情景　木に巻きついたフジ（5.5）

エニシダ／ヒメエニシダ／オウバイ

蝶形花が葉のわきにつくエニシダ、総状につくヒメエニシダ、オウバイは高杯形の花

マメ科（エニシダ、ヒメエニシダ）／モクセイ科（オウバイ）

エニシダ（金雀枝）
花期・5月

●分枝がさかんでみごとな樹冠となる。葉は3出複葉で小葉の先はとがり、少し毛がある。葉のわきに蝶形花をつける。果実の結実が多い。高さ1〜3m。●ヨーロッパ原産。暖地では常緑、寒地では落葉する低木。花色が白、紅、赤のぼかしなどの園芸種がある。

ヒメエニシダ（姫金雀枝）
花期・3〜5月

●近年、よく植えられている品種で、エニシダより樹高が低く、鮮黄色の蝶形花を総状に5〜15個つける。小葉は鈍頭で両面が絹毛でおおわれている。枝に軟毛。結実は少ない。高さ1mまで。●南ヨーロッパから西アジア、北アフリカに多い。鉢植え向き。

オウバイ（黄梅）
花期・3〜4月

●上の2種とは花形が異なり高杯形（合弁花）で、葉の出る前に開花する。葉は3出複葉で対生し、小葉の先はとがる。枝は垂れ、接地部から発根する。エニシダはマメ科で本種はモクセイ科。高さ約1m。●中国原産。落葉半つる性低木。中国名は迎春花。

春の樹木

◆見分けのポイント

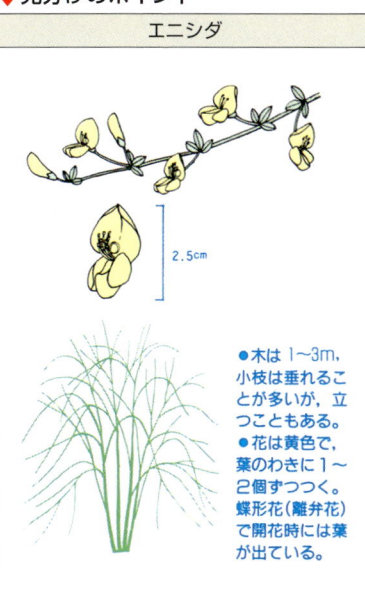

エニシダ

2.5cm

- 木は1～3m。小枝は垂れることが多いが、立つこともある。
- 花は黄色で、葉のわきに1～2個ずつつく。蝶形花（離弁花）で開花時には葉が出ている。

木の情景 細い枝にたくさんの豆果(とうか)をつけたエニシダ（東京都八王子市 8.3）

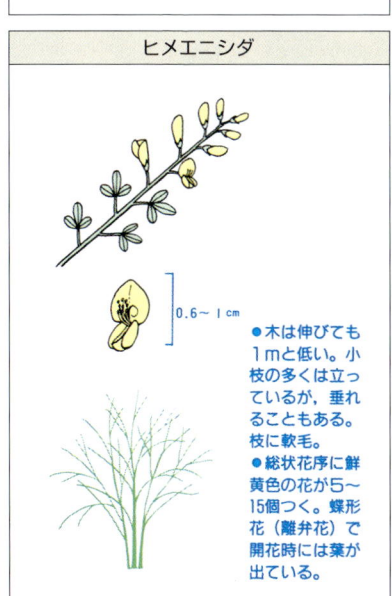

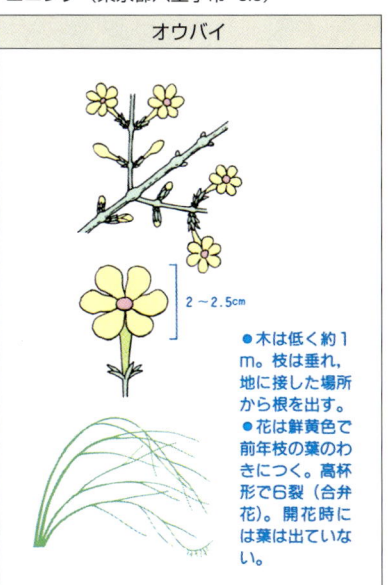

ヒメエニシダ

0.6～1cm

- 木は伸びても1mと低い。小枝の多くは立っているが、垂れることもある。枝に軟毛。
- 総状花序に鮮黄色の花が5～15個つく。蝶形花（離弁花）で開花時には葉が出ている。

オウバイ

2～2.5cm

- 木は低く約1m。枝は垂れ、地に接した場所から根を出す。
- 花は鮮黄色で前年枝の葉のわきにつく。高杯形で6裂（合弁花）。開花時には葉は出ていない。

春の樹木 53

木の情景 ホオベニエニシダ（頬紅金雀枝）　赤と黄色の対比が鮮やかなので観賞用によく植えられているエニシダの変種。19世紀末にフランスで発見された落葉低木（八王子市　5.17）

ハリエンジュ／エンジュ／イヌエンジュ

マメ科

花序が垂れるハリエンジュ、エンジュとイヌエンジュは上向きに咲く

ハリエンジュ（針槐）
花期・5〜6月

● 葉のわきから香りのある白い花序が垂れる。花序の長さ15〜16㎝。小枝は緑色から茶褐色になりとげが多い。豆果は秋に熟し、平たいさや。高さ10〜15m。● 北米原産の落葉高木。花は蜜源。別名ニセアカシア。俗にいうアカシアは本種のこと。

エンジュ（槐）
花期・7〜8月

● 淡黄色の蝶形花を多数つけるが、地味な印象。小枝は緑色で冬でも変わらない。樹皮は縦に割れる。豆果は種子間が数珠状にくびれて肉が厚く、水液をふくみよく粘る。高さ10〜25m。● 中国原産の落葉高木。漢方ではつぼみを止血剤に利用。

イヌエンジュ（犬槐）
花期・7〜9月

● 葉軸と小葉の裏に細毛が密生、とくに若枝と若葉に多い。花は黄白色。小枝は緑をおびた紫褐色。樹皮は黒っぽい。豆果は平たいさや状。高さ10〜15m。● 中部地方以北に生える落葉高木。別名オオエンジュ。材は建築材。樹皮は染料や薬用。

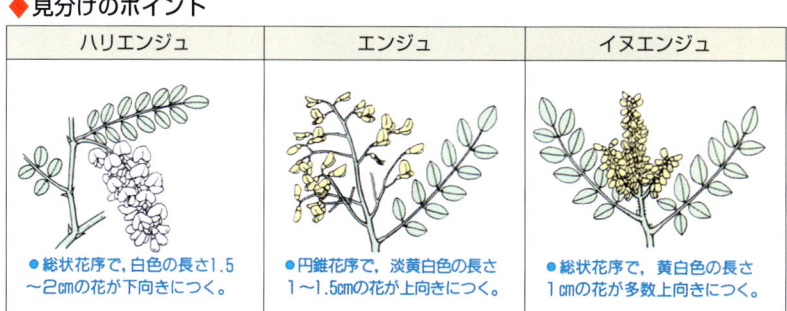

◆ **見分けのポイント**

ハリエンジュ	エンジュ	イヌエンジュ
● 総状花序で、白色の長さ1.5〜2㎝の花が下向きにつく。	● 円錐花序で、淡黄白色の長さ1〜1.5㎝の花が上向きにつく。	● 総状花序で、黄白色の長さ1㎝の花が多数上向きにつく。

デイコ／アメリカデイコ／サンゴシトウ

葉が三角状ならデイコ、卵形ならアメリカデイコ、菱形はサンゴシトウ

デイコ（梯梧、梯沽）
花期・3～5月

●花期に花枝には葉がない。総状花序に濃い赤色の蝶形花をつける。葉は大形の三角状広卵形。枝や幹の一部に太いとげがある。高さ10～15m。
●インド原産の落葉高木。沖縄や小笠原に植栽が多い。樹皮からタンニンを採る。別名デイグ、デイゴ。

アメリカデイコ
花期・6～9月

●大形の蝶形花はデイコに似ているが、本種は花期に葉が茂っている。開花はデイコより遅い。葉は卵状楕円形で表面に光沢があり、裏面は白っぽい。葉の裏や葉柄にとげがある。高さ2～10m。●ブラジル原産の落葉低木～小高木。別名カイコウズ（海紅豆）。

サンゴシトウ（珊瑚刺桐）
花期・6～9月

●葉のある枝先に鮮紅色の花が直立した総状花序をつける。花は最盛期でも全開しない。葉は広卵状菱形で長さ8～11cm。葉柄にとげがある。高さ3～4m。●アメリカデイコを片親とする交配種。落葉低木。デイコ類では耐寒性がある。別名ヒシバデイコ。

マメ科

◆見分けのポイント

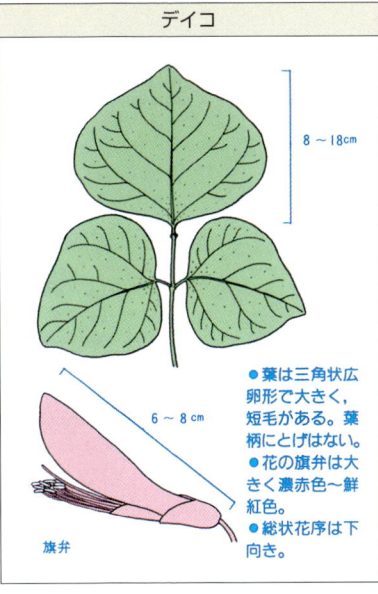

デイコ

8～18cm

6～8cm

旗弁

- 葉は三角状広卵形で大きく，短毛がある。葉柄にとげはない。
- 花の旗弁は大きく濃赤色～鮮紅色。
- 総状花序は下向き。

木の情景 デイコの巨木　南西諸島の木は、花の色がより鮮やか（沖縄県西表島　4.16）

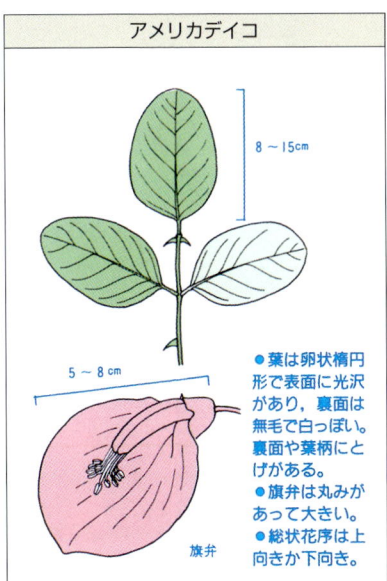

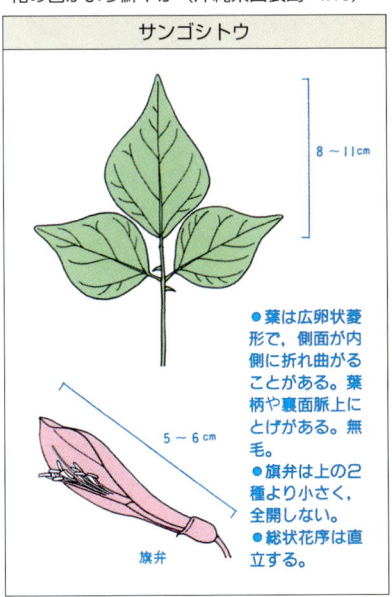

アメリカデイコ

8～15cm

5～8cm

旗弁

- 葉は卵状楕円形で表面に光沢があり，裏面は無毛で白っぽい。裏面や葉柄にとげがある。
- 旗弁は丸みがあって大きい。
- 総状花序は上向きか下向き。

サンゴシトウ

8～11cm

5～6cm

旗弁

- 葉は広卵状菱形で，側面が内側に折れ曲がることがある。葉柄や裏面脈上にとげがある。無毛。
- 旗弁は上の2種より小さく，全開しない。
- 総状花序は直立する。

春の樹木

木の情景 ジャケツイバラ（蛇結茨） つる状の枝にはかぎ形の鋭いとげがたくさんある。東北地方南部〜沖縄に分布するマメ科のつる性落葉樹（東京都青梅市 5.18）

ユズリハ／ヒメユズリハ／エゾユズリハ　　トウダイグサ科

大きな葉に側脈が多いユズリハ、小形で網状脈が目立つヒメユズリハ

ユズリハ（譲葉）
花期・5〜6月
●葉は枝先に輪生状に集まって互生。狭長楕円形で先端はとがり、全縁。若葉が伸びてから古い葉が散るのが特徴。総状花序に花弁もがくもない花をつける。高さ4〜10m。
●福島県以西〜沖縄の山地に生える常緑高木。樹皮と葉は駆虫剤に利用。

ヒメユズリハ（姫譲葉）
花期・5月
●ユズリハより葉は小さく枝先に集まって互生。葉の網状脈は目立ち、乾くと隆起する。総状花序の花にはがくがあるが花弁はない。葉裏はユズリハほど白くなく淡緑色。高さ3〜10m。●福島県以西〜沖縄の暖地の海岸沿いに多い常緑高木。

エゾユズリハ（蝦夷譲葉）
花期・5〜10月
●ユズリハの変種。枝は緑色で滑らか。多雪地では下部の枝は地をはう。葉はユズリハより小さい楕円形で葉質は薄い。花には花弁もがくもない。高さ1〜3m。●北海道、本州の日本海側の山地に多い常緑低木。この3種の葉は正月飾り用。

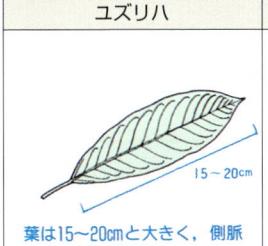

◆見分けのポイント

ユズリハ	ヒメユズリハ	エゾユズリハ
15〜20cm	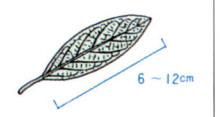 6〜12cm	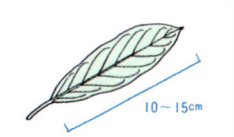 10〜15cm
葉は15〜20cmと大きく、側脈が多い（16〜19対）。	葉は6〜12cmと小さく、網状脈が目立つ。	葉は10〜15cm。側脈は8〜10対とユズリハより少ない。

春の樹木

ヤマザクラ／ソメイヨシノ／オオヤマザクラ　　　バラ科

花に葉を添えるヤマザクラ、葉を待たずに開花するソメイヨシノ

ヤマザクラ（山桜）
花期・3～4月

●日本の野生のサクラの代表種。開花より葉の出るのが早いか、または同時で、若葉の色は淡緑色から赤茶色までさまざま。花は5弁で散房状に2～5個つき、淡紅色～白色で、花の各部は無毛。花径約3cm。樹皮に横の皮目が入る。樹高15～25m。●本州(宮城、新潟県以南)、四国、九州の山地に自生する落葉高木。庭、公園、寺社などに植栽も多い。樹皮は樺細工に使われる。

ソメイヨシノ（染井吉野）
花期・3～4月

●全国的に親しまれているサクラの園芸品種。花は葉の出る前に散形状に開く。花弁は5個で花径約4cm。がく、花柱、花柄に毛がある。野生種のオオシマザクラとエドヒガンの交配種で両種の形質が顕著。樹高10～15m。●各地で植栽される落葉高木。江戸時代末期に江戸の染井村（現、東京都豊島区）の植木屋で作出され広まった。気象庁発表の「サクラ前線」の基準種。

◆見分けのポイント

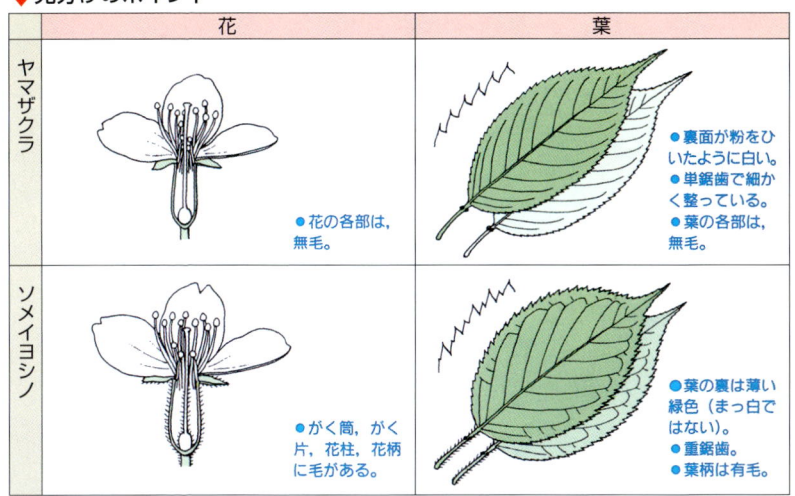

	花	葉
ヤマザクラ	●花の各部は，無毛。	●裏面が粉をひいたように白い。 ●単鋸歯で細かく整っている。 ●葉の各部は，無毛。
ソメイヨシノ	●がく筒，がく片，花柱，花柄に毛がある。	●葉の裏は薄い緑色（まっ白ではない）。 ●重鋸歯。 ●葉柄は有毛。

●似ている種類

オオヤマザクラ（大山桜）
花期・4～5月

●葉とほぼ同時に花が咲く。花はヤマザクラよりやや大きく色が濃い。若葉は赤褐色。樹高10～15m。●北海道、本州、四国の山地に自生する落葉高木で北日本に多い。樹皮を樺細工に使う。別名エゾヤマザクラ、ベニヤマザクラ。

木の情景 東京・井の頭公園のソメイヨシノ（4.2）

春の樹木

木の情景 雪の残る山を背に咲くオオヤマザクラ（山形県朝日町 5.8）

ヤマザクラ／カスミザクラ　　　　　　　　　　　　　　バラ科

> ヤマザクラは全体に無毛、カスミザクラは葉裏、葉柄、がく筒に開出毛

ヤマザクラ（山桜）
花期・3～4月
●樹皮は暗褐色で光沢があり、皮目が目立つ。全体に無毛。新葉は紅色、黄色、緑色などの変異が多い。葉の縁に細かくて鋭い単鋸歯がある。高さ15～25m。●宮城、新潟県以南、四国、九州に分布する落葉高木。（p.60参照）

カスミザクラ（霞桜）
花期・4～5月
●ヤマザクラよりやや高冷地に自生し開花が遅い。樹皮は灰褐色。無毛のヤマザクラとは対照的に、葉の裏面や葉柄、花柄、がく筒に開出毛がある。高さ15～20m。●北海道～九州の山地に自生する落葉高木。別名ケヤマザクラ。

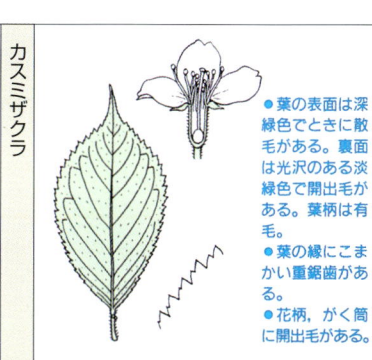

◆見分けのポイント

ヤマザクラ
- 葉の表面は濃緑色で裏面は粉白色。ともに光沢はなく、無毛。葉柄も無毛。
- 葉の縁にこまかくて鋭い単鋸歯がある。
- 花柄、がく筒ともに無毛。

カスミザクラ
- 葉の表面は深緑色でときに散毛がある。裏面は光沢のある淡緑色で開出毛がある。葉柄は有毛。
- 葉の縁にこまかい重鋸歯がある。
- 花柄、がく筒に開出毛がある。

春の樹木

カスミザクラ／オオシマザクラ　　バラ科

がく筒が有毛のカスミザクラの花は小形、無毛のオオシマザクラは大形の花

カスミザクラ（霞桜）
花期・4～5月

●葉と同時に白色～淡紅色の花を散房花序に開く。花はオオシマザクラよりやや小さく、枝も細い。葉は長さ8～12cmの倒卵形。葉柄はときに赤みをおびる。高さ15～20m。●北海道～九州の山地に生える落葉高木。（p.63参照）

オオシマザクラ（大島桜）
花期・3～4月

●カスミザクラより早く、香りのよい花を開く。樹皮は紫褐色で光沢があり、枝はカスミザクラより太い。花は白色で花、葉、枝とも無毛。樹勢が強い。高さ8～10m。●伊豆諸島に自生するほか、房総半島、伊豆半島で野生化。

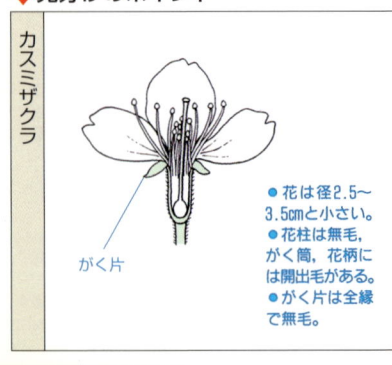

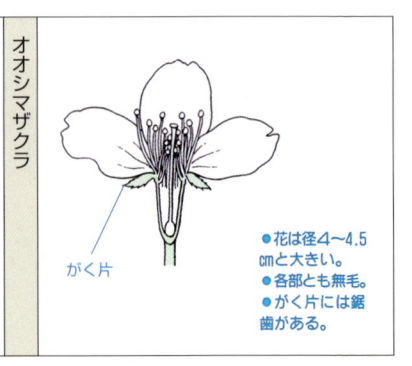

◆見分けのポイント

カスミザクラ
- がく片
- ●花は径2.5～3.5cmと小さい。
- ●花柱は無毛、がく筒、花柄には開出毛がある。
- ●がく片は全縁で無毛。

オオシマザクラ
- がく片
- ●花は径4～4.5cmと大きい。
- ●各部とも無毛。
- ●がく片には鋸歯がある。

マメザクラ／チョウジザクラ　　　　バラ科

> マメザクラはチョウジザクラより花弁が大きいが、がく筒は細い

マメザクラ（豆桜）
花期・3～4月
●樹形は株立状。葉と同時かまたは早くに花が散形状に開く。花柄は短い。新芽は粘らない。高さ2～8m。●房総半島、静岡県東部、甲信地方の山地に多い落葉小高木。別名フジザクラ。変種にキンキマメザクラがある。

チョウジザクラ（丁字桜）
花期・3～4月
●葉が開く前に、花がやや下向きに開く。花はマメザクラより小さいが花柄はやや長く、がく筒は太い。新芽やがく筒、総苞は粘る。高さ3～7m。●東北～中部地方の太平洋側、近畿、中国地方、熊本県の山地に生える落葉小高木。

◆**見分けのポイント**

マメザクラ
3～5cm
●花径2～2.5cm。花柱は無毛（まれに有毛）。がく筒細く無毛。
●葉は倒卵形で先は短く鋭くとがる。
●鋸歯の先に腺がない。

チョウジザクラ
4～9.5cm
●花径約1.5cm。花柱の下半部に開出毛がある。がく筒は筒状で有毛。
●葉は倒卵状楕円形で先は尾状にのびる。
●鋸歯の上に腺がある。

春の樹木

エドヒガン／コヒガンザクラ　　　　　　バラ科

エドヒガンは20mにもなる高木、コヒガンザクラは5m以下で株立状

エドヒガン（江戸彼岸）
花期・3月下旬～4月上旬

●長寿のサクラのほとんどが本種で、各地に名木が残る。樹皮は灰色で小さい縦の裂け目が多数入る。花柱の下半部が有毛で、葉にはとがった単鋸歯がある。花は淡紅色、ときに白色。高さ15～20m。●本州、四国、九州の山地に自生する落葉高木。和名は江戸でよく栽培され、彼岸のころ咲くから。別名アズマヒガン、ウバヒガン。本種の枝が下垂するものがシダレザクラ。

コヒガンザクラ（小彼岸桜）
花期・3月下旬～4月上旬

●エドヒガンとマメザクラの雑種と考えられる。枝が細く、よく分枝して株立状になりやすい。花は葉に先立って開き、淡紅色または淡紅白色。花柱は無毛。葉に重鋸歯がある。高さ3～5mがふつう。●落葉低木～小高木。房総半島と伊豆半島の山地に自生があるが、一般には植栽が多い。木は小ぶりだが花つきがよいので庭木に好まれる。別名ヒガンザクラ。

◆見分けのポイント

	樹形	花
エドヒガン	●20mぐらいの高木になる。	花径2.5〜3cm ●花柱の下半部に毛がある。 ●おしべは20〜27本。 ●2〜5個の花が散形状に咲く。
コヒガンザクラ	●3〜5mぐらいの低木で分枝性が強い。	花径2.5cm ●花柱に毛はない。 ●おしべは30本内外。 ●2〜3個の花が散形状に咲く。

	葉
エドヒガン	●ふちに鋭くとがった鋸歯がある。 ●狭長楕円〜狭倒卵形。
コヒガンザクラ	●ふちに重鋸歯がある。 ●卵状長楕円〜倒卵状長楕円形。

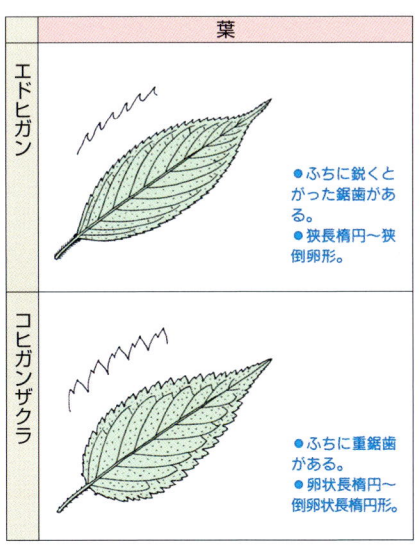

木の情景 新宿御苑のコヒガンザクラ（東京都新宿区 3.31）

春の樹木

ウワミズザクラ／イヌザクラ／シウリザクラ　　バラ科

花序の軸に葉がつくウワミズザクラとシウリザクラ、イヌザクラにはつかない

ウワミズザクラ（上溝桜）
花期・4～6月

●樹皮は暗紫褐色で横に長い皮目がある。開葉後に本年枝の先に長さ10～20cmの総状花序を出し、白花を多数開く。雄しべは花弁よりも長い。果実は卵円形で、黄赤色から黒く熟す。高さ約20m。●北海道～九州に分布する落葉高木。別名ハハカ。

イヌザクラ（犬桜）
花期・4～5月

●他の2種とは違って本種は前年枝から総状花序を出す。花序は長さ6～10cmで白花を多数つけ、花序のもとに葉はない。雄しべは花弁より長い。樹皮は灰色。果実は卵円形。高さ10～15m。●本州、四国、九州の山野に生える落葉高木。

シウリザクラ
花期・5～6月

●高冷地に生え、葉の基部は心形。本年枝の先の総状花序に白花を多数つける。雄しべは花弁とほぼ同長。樹皮は淡紫褐色で縦の裂け目が目立つ。高さ約10m。●北海道～中部地方、隠岐諸島の山地に生える落葉高木。別名ミヤマイヌザクラ。

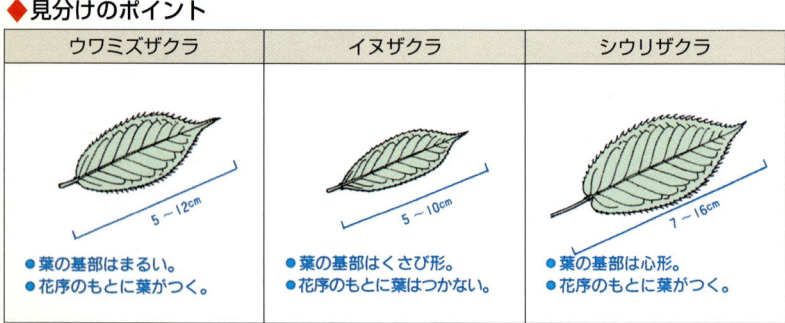

◆見分けのポイント

ウワミズザクラ	イヌザクラ	シウリザクラ
5～12cm	5～10cm	7～16cm
●葉の基部はまるい。 ●花序のもとに葉がつく。	●葉の基部はくさび形。 ●花序のもとに葉はつかない。	●葉の基部は心形。 ●花序のもとに葉がつく。

[木の情景] カンヒザクラ（寒緋桜）　沖縄では1月から咲きはじめる濃い紅色の南国のサクラ。中国南部、台湾に自生し、沖縄に野生化している落葉小高木（沖縄県八重岳　1.30）

ウメ／アンズ

バラ科

花に芳香があり、がく片が反り返らないウメ、強く反り返るのはアンズ

ウメ（梅）
花期・2～3月

●樹皮は灰褐色であらい割れ目ができる。葉に先立って咲く花は白が基本だが、紅色、淡紅色もある。花柄(かへい)はほとんどなく、がく片は反り返らない。葉は卵形～楕円形(だえんけい)でアンズより幅が狭く、葉先が急に狭くなりとがる。果実は6月に熟す。高さ5～9m。●中国原産の落葉小高木。古代に薬用として渡来。観賞用、果実用の園芸種は約300種。梅干し、梅酒、薬用にされる。

アンズ（杏子）
花期・3～4月

●樹皮に細かい縦すじが入り、樹形はウメより直立した形。花は葉より先に開くが、香りはない。紫色のがく片が反り返る。短い花柄は有毛。葉はウメより幅が広く、葉柄(ようへい)も長い。果実は6月ごろ黄色～橙色に熟す。高さ5～8m。●中国原産の落葉小高木。植栽は長野県、青森県など冷涼な地域に多い。果実を生食、ジャム、果実酒、乾杏、薬用に。別名カラモモ。

春の樹木

◆見分けのポイント

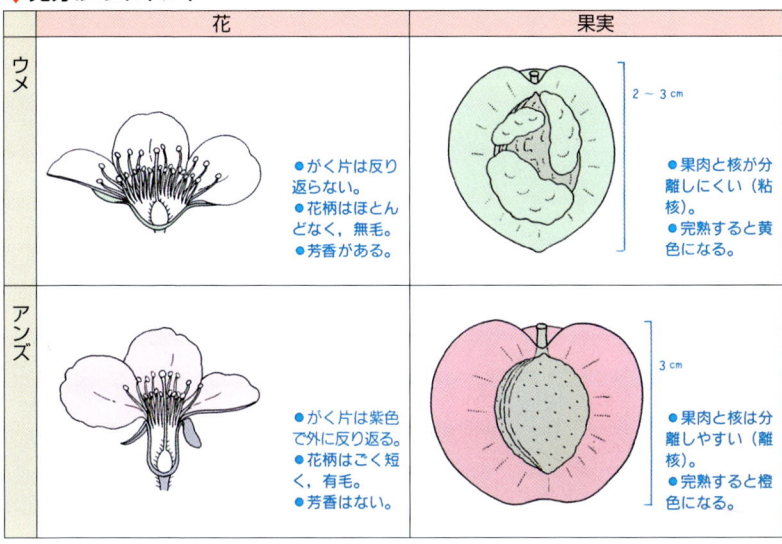

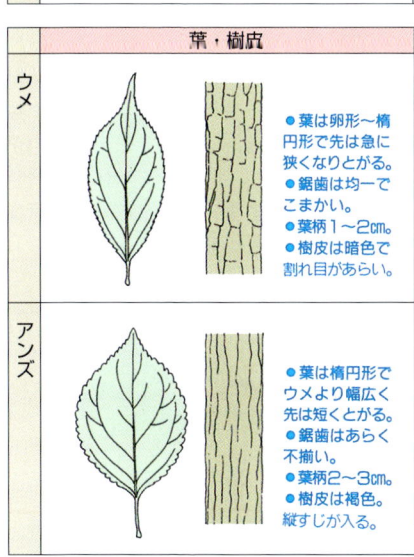

	花	果実
ウメ		2〜3cm ●果肉と核が分離しにくい（粘核）。 ●完熟すると黄色になる。
	●がく片は反り返らない。 ●花柄はほとんどなく，無毛。 ●芳香がある。	
アンズ		3cm ●果肉と核は分離しやすい（離核）。 ●完熟すると橙色になる。
	●がく片は紫色で外に反り返る。 ●花柄はごく短く，有毛。 ●芳香はない。	

	葉・樹皮
ウメ	●葉は卵形〜楕円形で先は急に狭くなりとがる。 ●鋸歯は均一でこまかい。 ●葉柄1〜2cm。 ●樹皮は暗色で割れ目があらい。
アンズ	●葉は楕円形でウメより幅広く先は短くとがる。 ●鋸歯はあらく不揃い。 ●葉柄2〜3cm。 ●樹皮は褐色。縦すじが入る。

木の情景 満開の吉野梅郷（東京都青梅市 3.15）

春の樹木

モモ／スモモ バラ科

モモの花は色も形も様々、スモモは白花で一重だけ

モモ（桃）
花期・3〜4月
●白、紅、咲き分け、一重、八重、菊咲きなど園芸種は多様で、果実用と観賞用（ハナモモなど）がある。スモモより小枝が太く頂芽がある。葉は波打たない。果実にビロード状の毛がある。高さ4〜7m。●中国原産の落葉小高木。

スモモ（酸桃）
花期・3〜4月
●花はモモより小さく、一重の白花だけ。果実もやや小形で毛がない。小枝は細い。葉は長楕円形でモモより幅が広くて波打つ。開花時、全体は緑白色に見える。高さ5〜6m。●中国原産の落葉小高木。別名ハタンキョウ。

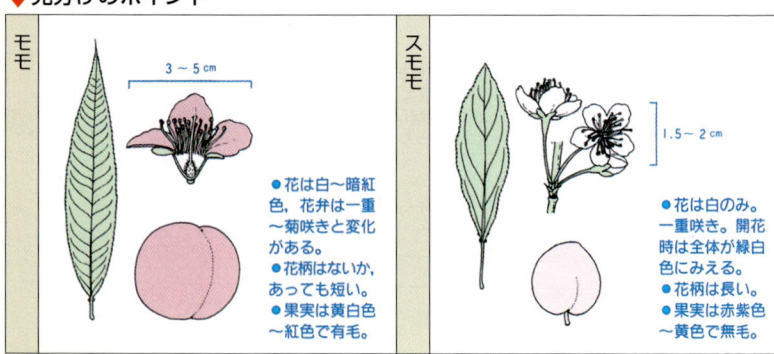

◆ 見分けのポイント

モモ
3〜5cm
●花は白〜暗紅色、花弁は一重〜菊咲きと変化がある。
●花柄はないか、あっても短い。
●果実は黄白色〜紅色で有毛。

スモモ
1.5〜2cm
●花は白のみ。一重咲き。開花時は全体が緑白色にみえる。
●花柄は長い。
●果実は赤紫色〜黄色で無毛。

春の樹木

ボケ／クサボケ

バラ科

ボケは地ぎわから株立状、クサボケは背が低く茎が細い

ボケ（木瓜）
花期・3〜4月
● 地下茎を引かず、幹は地ぎわから分かれ株立状となる。葉先はとがる。花柄は短くやや有毛。果実は楕円形。高さ約2m。● 中国原産の落葉低木。30種以上の園芸種がある。果実を薬用や果実酒にする。別名カラボケ。

クサボケ（草木瓜）
花期・4〜5月
● 茎は細く地下茎を引き束生。葉先はとがらない。花柱、花柄とも無毛。果実は黄色の球形で芳香がある。高さ30〜60cm。● 関東地方以西、四国、九州の山野に自生する落葉小低木。園芸品種もある。果実酒にする。別名シドミ。

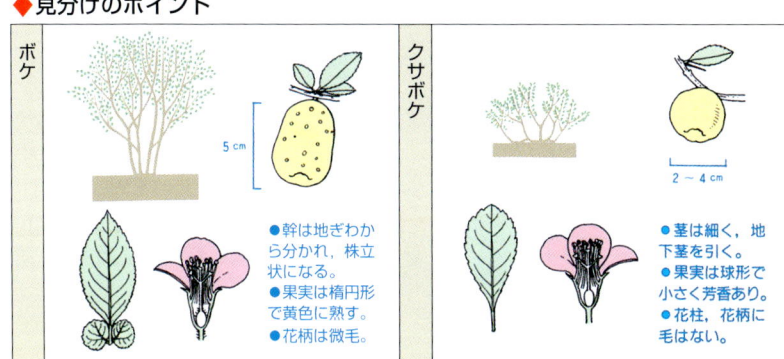

◆見分けのポイント

ボケ
5 cm
● 幹は地ぎわから分かれ、株立状になる。
● 果実は楕円形で黄色に熟す。
● 花柄は微毛。

クサボケ
2〜4 cm
● 茎は細く、地下茎を引く。
● 果実は球形で小さく芳香あり。
● 花柱、花柄に毛はない。

ニワウメ／ユスラウメ／ニワザクラ

ニワウメの花は一重で淡紅色、ユスラウメは一重の白花、ニワザクラは八重で淡紅色〜白

ニワウメ（庭梅）
花期・4月ごろ

●葉より早くか同時に淡紅色まれに白色の花を多数開く。花柄(かへい)は短い。葉は長さ4〜6cmの卵状披針形で縁に細かい重鋸歯(じゅうきょし)がある。果実は暗紫色に熟す。高さ1〜2m。●中国原産の落葉低木。日本各地で植栽。核は漢方薬とされ郁(いく)李仁(りにん)という。別名コウメ。

ユスラウメ（梅桃）
花期・4月初旬

●葉より早くか同時に、ふつう白色、まれに淡紅白色の花を多数つける。花柄はごく短いか、ない。葉は長さ4〜7cmの倒卵形で縁に細かい鋸歯がある。高さ3〜4m。●中国原産の落葉低木。果実には微毛があり、6月ごろ赤く熟して食べられる。

ニワザクラ（庭桜）
花期・4月ごろ

●葉と同時かまたは早く淡紅色〜白色の花を多数つける。花は八重がふつうで実はならない。葉は長さ5〜9cmの長楕円形で上の2種より細長く、しわがよる。高さ約1.5m。●中国原産の落葉低木で、庭などによく植栽。一重のヒトエニワザクラには実がなる。

バラ科

春の樹木

◆ 見分けのポイント

ニワウメ

- 葉は卵状披針形で裏面脈上に毛がわずかにある。
- 若枝には微毛がある。
- 花は一重で淡紅色まれに白色。花径1.3cm。

↑ユスラウメの果実　甘酸っぱくておいしい（6.6）

ユスラウメ

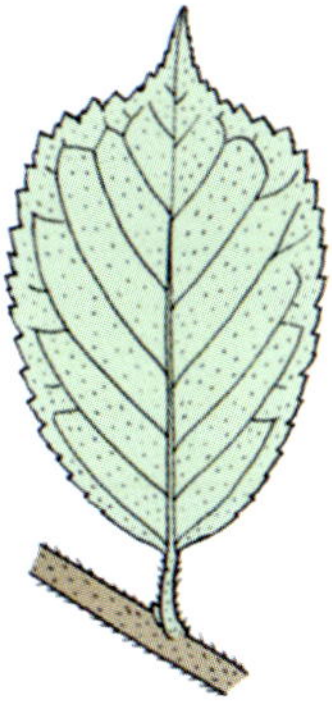

- 葉は倒卵形で表面には細毛，裏面に絨毛が密生する。
- 若枝は有毛。
- 花は一重で径1.5cmと大きい。白色まれに淡紅白色。

ニワザクラ

- 葉は卵状長楕円形〜長楕円円形で，裏面脈上に毛がある。
- 若枝は無毛。
- 花は一重または八重で花径約1cmと小さい。淡紅色が多くまれに白色。

春の樹木　75

カナメモチ／オオカナメモチ／セイヨウベニカナメ　　バラ科

葉の基部がくさび形のカナメモチ、まるみがあるのはオオカナメモチ

カナメモチ（要黐）
花期・5〜6月
●葉は互生し、革質で表面に光沢がある。新芽は赤みをおびる。枝先に径約10cmの円錐花序を出し径約1cmの白の5弁花を密集してつける。高さ5〜9m。●東海地方以西、四国、九州の山野に生える常緑小高木。新芽が赤いので別名アカメモチ。

オオカナメモチ（大要黐）
花期・5〜6月
●葉はカナメモチより大形。新葉が出たあと、古い葉は紅葉して落ちる。花は径約6mmでカナメモチより小さいが、円錐花序は大きく径約15cm。高さ約10m。●岡山県、愛媛県、奄美大島、沖縄にまれに自生する常緑高木。別名テツリンジュ。

セイヨウベニカナメ（西洋紅要）
花期・5〜6月
●新芽の赤色がカナメモチよりかなり濃い。枝は太く下部からよく萌芽する。葉、花序、花は左の2種の中間形。高さ3〜5m。●常緑小高木。カナメモチとオオカナメモチを、ニュージーランドで交雑、育種し導入したもの。別名レッドロビン。

◆見分けのポイント

カナメモチ	オオカナメモチ	セイヨウベニカナメ
●葉は3種でいちばん小さく、長さ6〜12cm。基部はくさび形。	●葉は3種の中で最大。長さ10〜20cm。基部は円形。	●葉は左の2種の中間の大きさ。基部は広いくさび形。

春の樹木

木の情景 ヤマブキ（山吹） 細い枝が叢生(そうせい)し、濃い黄色の花を多数つける。山地の渓流沿いや山すそに自生し、庭や公園などにも植栽が多いバラ科の落葉低木（東京都高尾山 4.9）

シャリンバイ／マルバシャリンバイ　　バラ科

葉が長楕円形のシャリンバイ、まるみがあるマルバシャリンバイ

シャリンバイ（車輪梅）
花期・5月ごろ
●幹は直立し、車輪状に小枝が出る。花序（かじょ）は円錐形（えんすいけい）で径1〜1.5cmの白い花が多数開く。高さ2〜6m。●山口県、四国、九州の暖地の海岸に自生する常緑低木〜小高木。樹皮は大島紬（つむぎ）の染料。別名タチシャリンバイ。

マルバシャリンバイ（丸葉車輪梅）
花期・5月ごろ
●幹は株立状でよく分枝し、高さ約1mと低い。葉は広楕円形〜卵形でシャリンバイよりまるみがあり、縁は裏面に多少反る。花は白色で径1〜1.5cm。●宮城、山形県以西、四国、九州、沖縄の海岸に生える常緑低木。

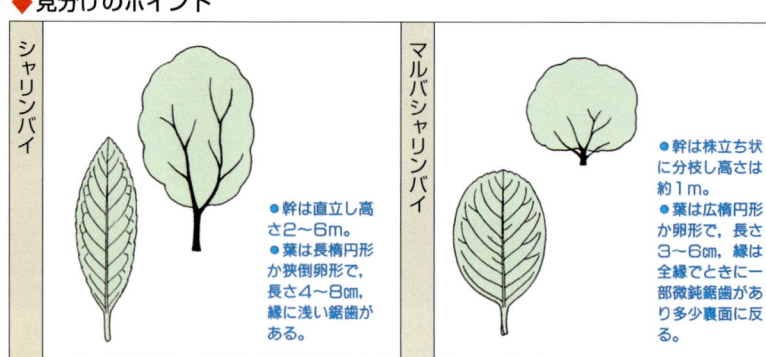

◆見分けのポイント

シャリンバイ
●幹は直立し高さ2〜6m。
●葉は長楕円形か狭倒卵形で、長さ4〜8cm、縁に浅い鋸歯がある。

マルバシャリンバイ
●幹は株立ち状に分枝し高さは約1m。
●葉は広楕円形か卵形で、長さ3〜6cm、縁は全縁でときに一部微鈍鋸歯があり多少裏面に反る。

78　春の樹木

ズミ／エゾノコリンゴ　　　　　　　　バラ科

> 切れこみのある葉が多いズミ、エゾノコリンゴの葉は裂けない

ズミ（酸実）
花期・5～6月

● 小枝はとげ状で紫色をおびる。花は5～7個が短い新枝の先に散形（さんけい）に出る。花弁は5枚で白色。果実は赤く熟す。高さ約10m。● 日本各地の山野に生える落葉高木。別名コリンゴ、コナシ。果実が黄色に熟すキミズミがある。

エゾノコリンゴ（蝦夷の小林檎）
花期・6月ごろ

● ズミによく似ているが、切れこみのある葉はない。花は5弁の白花で4～6個が散形状につく。果実は径8mmほどの球形で、熟すと濃紅色。高さ5～9m。● 北海道～中部地方の山野に生える落葉小高木。別名ヒロハオオズミ。

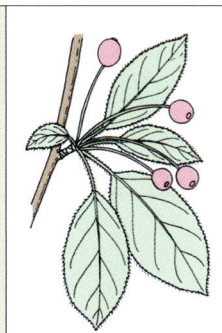

◆見分けのポイント

ズミ
- 長枝の葉は切れこみのあるものが多い。
- 若葉は全体に有毛。成葉では無毛か微毛。
- 花柱の多くは3本でたまに4本。下部に白い毛がある。

エゾノコリンゴ
- 切れこみのある葉はない。
- 若葉は有毛。成葉では裏面の中央脈、葉縁、葉柄に軟毛が残る。
- 花柱は5本で、まれに4本ある。下部に白い密毛。

春の樹木

ユキヤナギ／コデマリ　　　　　バラ科

枝の節に花をつけるユキヤナギ、コデマリの花は枝の先

ユキヤナギ（雪柳）
花期・4月
●前年枝の節々に3～7個の白花が咲く。茎は細く弓状に曲がり、若枝は縦にすじがある。株立状で高さ1～3m。
●関東以西、四国、九州の岩場などに生える落葉低木。和名は葉が柳を、花は雪を思わせるため。別名コゴメバナ。

コデマリ（小手毬）
花期・4～5月
●本年枝の先の散房花序に、径約1cmの白花を20個ほどつけ、花序は径3cmのまりのような球形になる。葉は青緑色。枝先はしばしば垂れ下がる。株立状で高さ1～2m。●中国原産の落葉低木。和名は花序の形から手毬を連想。

◆見分けのポイント

ユキヤナギ
●前年枝の節々に散形花序をつける。花径約8mm。
●葉は狭披針形。

コデマリ
●本年枝の先に散房花序をつける。花径約1cm。
●葉は披針形～長楕円形。

木の情景 川辺の岩場に咲いたユキヤナギ（埼玉県飯能市名栗川　4.6）

ウラジロノキ／アズキナシ／オオウラジロノキ　　バラ科

葉の裏に白い綿毛が密生するウラジロノキ、アズキナシの成葉は緑色

ウラジロノキ（裏白の木）
花期・5〜6月

●葉の裏面と花序、がくに白い綿毛が密生している。枝先に白の5弁花を散房状につける。若枝には白の皮目が散在する。葉は互生し、広倒卵形。果実は10月ごろ赤く熟す。老木の樹皮は鱗片状にはがれる。高さ10〜20m。●本州、四国、九州の山地に自生する落葉高木。器具材、薪炭材などに利用。和名は綿毛で葉裏が白く見えることから。

アズキナシ（小豆梨）
花期・5〜6月

●黒紫色の小枝に明瞭な白の皮目をもつので、別名ハカリノメともよばれる。ウラジロノキと近縁だが、葉の裏面や花序に白い綿毛はない。枝先の散房花序に5弁の白花をつける。葉脈が多く、裏面に隆起する。果実は10月ごろ赤く熟す。高さ10〜15m。●北海道〜九州の山地に多い落葉高木。植栽もされる。器具材などに利用。樹皮は染料用。

◆見分けのポイント

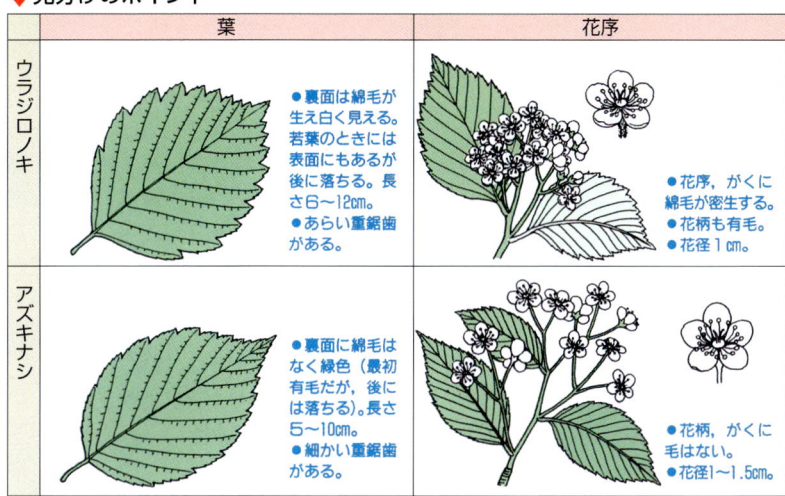

	葉	花序
ウラジロノキ	●裏面は綿毛が生え白く見える。若葉のときには表面にもあるが後に落ちる。長さ6〜12cm。 ●あらい重鋸歯がある。	●花序、がくに綿毛が密生する。 ●花柄も有毛。 ●花径1cm。
アズキナシ	●裏面に綿毛はなく緑色(最初有毛だが、後には落ちる)。長さ5〜10cm。 ●細かい重鋸歯がある。	●花柄、がくに毛はない。 ●花径1〜1.5cm。

● 似ている種類

オオウラジロノキ(大裏白の木)
花期・5月

●成葉の表面はなめらかで無毛だが、裏面は白い綿毛でおおわれる。葉柄にも白い綿毛がある。枝先にふつう白色の5弁花をつける。高さ10〜15m。●本州、四国、九州の山地にややまれに自生する落葉高木。別名オオズミ。

木の情景 赤い果実をつけたアズキナシ(山梨県青木ケ原 10.23)

スズカケノキ／アメリカスズカケノキ／モミジバスズカケノキ

葉先の切れこみがいちばん深いスズカケノキ、果実が1個ならアメリカスズカケノキ

スズカケノキ科

スズカケノキ（鈴懸の木）
花期・4〜5月

●樹皮は大きくはがれ、白と緑のまだら模様。葉は深く切れこむ。雄花と雌花が別々の花序につく。托葉は全縁。高さ15〜20m。●ヨーロッパ南東部、西アジア原産の落葉高木。和名は集合果から山伏が首にかけた篠懸を連想。属名のプラタナスでもよばれる。

アメリカスズカケノキ
花期・4月

●老木の樹皮は暗褐色で、縦に割れ目が入るが、あまりはがれない。葉の中央裂片が垂れることと、集合果が1個、これがスズカケノキとの区別点。花序は雌雄別。托葉には鋸歯がある。高さ15〜20m。●北米原産の落葉高木。別名ボタンノキ、プラタナス。

モミジバスズカケノキ（紅葉葉鈴懸の木）
花期・4〜5月

●この3種では日本でいちばん植栽が多い。スズカケノキとアメリカスズカケノキの交雑種で、両種の中間の形態が顕著。老木の樹皮ははがれ、黄白色と緑色のまだら。高さ10〜20m。●イギリスで作出された落葉高木。別名カエデバスズカケ、プラタナス。

◆ 見分けのポイント

スズカケノキ

- 葉は5〜7裂し,切れこみが深い。
- 集合果は3〜4個つく。果実の先は鋭くとがる。

木の情景 冬のモミジバスズカケノキ 裸木の姿も一興あり(東京都新宿御苑 2.6)

アメリカスズカケノキ

- 葉は浅く3〜5裂し,中央裂片が下向きに垂れ下がる。
- 集合果は1個,まれに2個つく。果実の先は鋭くはとがらない。

モミジバスズカケノキ

- 葉は3〜5裂し,中央裂片は下向きに下がらない。
- 集合果は2〜3個,まれに4個つく。上部の1〜2個には柄がある。果実の先は鋭くとがる。

春の樹木 85

マンサク／シナマンサク／マルバマンサク　　　マンサク科

葉の表面が無毛ならマンサク、有毛ならシナマンサク

マンサク（満作）
花期・2～3月

●早春、葉の出る前に黄色い花をつける。花弁は紙細工のような線形で4枚、がく片は暗赤紫色。葉の基部は左右の形が異なり、裏面脈上に星状毛がある。表面はほとんど無毛。よく叢生し、高さ5～8m。●北海道南部、本州、四国、九州の山地に生える落葉小高木。和名は早春の山中で他の木より早く「まず咲く」からの転訛説と、「豊年満作」からの両説がある。

シナマンサク（支那満作）
花期・1～3月

●葉の長さ8～16cmでマンサクの葉よりかなり大形。葉の表面に軟毛、裏面には灰白色の毛が密生する。若枝に綿毛がある。花弁とがく片はマンサクと同じ形だが、本種のほうがやや大きい。開花時に前年の枯れ葉がかなり残っている。高さ4～9m。●中国原産で日当たりのよい肥沃地に適する落葉小高木。庭木、鉢植えなどに多い。

◆見分けのポイント

	葉	花
マンサク	4〜12cm	●裏面脈上に星状毛がある。表面はほとんど無毛。 ●開花期に前年の枯葉がわずかに残る。	1.5〜2cm	●花弁は黄色。 ●がく片の外側は褐色の毛が密生。
シナマンサク	8〜16cm	●マンサクより大きく，裏面全体に灰白色毛が密生。表面も有毛。 ●開花期に前年の枯れ葉がかなり残る。	1.5〜2.3cm	●花弁は黄金色。マンサクよりやや大きい。 ●がく片の外側は鉄さび色の毛が密生。

●似ている種類

↓マンサクの果実　径1cmぐらい。やがて裂開して、中から黒い種子を出す（9.30）

マルバマンサク（丸葉満作）
花期・3〜4月

●マンサクやシナマンサクに比べて葉がまるく、葉先もまるみをおびる。葉の両面とも無毛、表面の脈がへこむ。高さ3〜9m。●北海道西南部〜中国地方の日本海側の山地に生える落葉小高木。多雪地帯のせいで左の2種より花期が遅い。

春の樹木　87

トサミズキ／ヒュウガミズキ／コウヤミズキ

マンサク科

花穂が長いトサミズキ、短い花穂はヒュウガミズキ

トサミズキ（土佐水木）
花期・3〜4月

●葉の出る前に、7〜8個の花が軸に連なった長さ3〜5cmの穂状花序を枝から多数垂らす。花は淡黄色でヒュウガミズキよりやや大きい。葉は倒卵状円形で、質はヒュウガミズキより厚い。幹は地ぎわから叢生して株立状となる。高さ2〜4m。●高知県の石灰岩地や蛇紋岩地にのみ自生する落葉低木。庭木や公園樹として各地にさかんに植栽されている。

ヒュウガミズキ（日向水木）
花期・3〜4月

●1つの穂状花序に1〜3個の花をつけ、花序の長さは2cmぐらい。トサミズキより全体に小さい。葉は互生し、卵形でトサミズキより質が薄い。葉を静かにちぎると糸をひく。枝がジグザグに曲がるのはこの仲間の特徴。株立状となり、高さ2〜3m。●石川県〜兵庫県（日本海側）、高知県、宮崎県の山地にとびとびに自生分布する落葉低木。別名イヨミズキ。

◆見分けのポイント

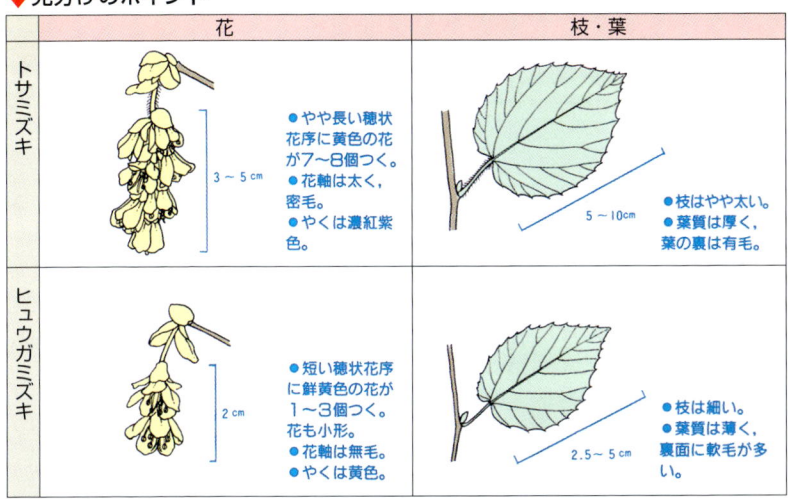

	花	枝・葉
トサミズキ	3〜5cm ●やや長い穂状花序に黄色の花が7〜8個つく。●花軸は太く、密毛。●やくは濃紅紫色。	5〜10cm ●枝はやや太い。●葉質は厚く、葉の裏は有毛。
ヒュウガミズキ	2cm ●短い穂状花序に鮮黄色の花が1〜3個つく。花も小形。●花軸は無毛。●やくは黄色。	2.5〜5cm ●枝は細い。●葉質は薄く、裏面に軟毛が多い。

●似ている種類

↓ヒュウガミズキの果実 (1.29)

↓トサミズキの黄葉 (12.4)

コウヤミズキ（高野水木）
花期・4月

●ミヤマトサミズキの別名があるようにトサミズキよりも日陰地の湿った山中に生える。穂状花序に7〜8個の花をつける。花序の長さ2〜5cm。高さ3〜5m。
●中部地方以南、四国、九州の山地に自生する落葉低木。

フウ／モミジバフウ／トウカエデ

葉が互生し集合果が垂れるフウとモミジバフウ、トウカエデは葉が対生し翼果がつく

マンサク科（フウ、モミジバフウ）／カエデ科（トウカエデ）

フウ（楓）
花期・4月

●街路樹や公園でよく見かける木。樹皮は紅色をおびた黒灰色で、樹脂に芳香がある。葉はカエデ類に似ているが、フウの葉は互生で葉先は3裂かまれに5裂。高さ約20m。
●中国原産の落葉高木。江戸時代に渡来。和名は漢名「楓」の音読み。別名タイワンフウ。

モミジバフウ（紅葉葉楓）
花期・4月

●街路樹ではフウより植栽が多い。モミジと名がつくが、一見してごつごつした感じでアメリカ産らしい。葉先が5〜7裂するので区別できる。樹皮は淡紅褐色。晩秋には紅紫色に紅葉する。高さ25m前後。●北米中南部〜中米原産の落葉高木。大正時代に渡来。

トウカエデ（唐楓）
花期・4〜5月

●都市の街路樹に多い。葉が対生なので、互生のフウの仲間と区別できる。樹皮は若木では平滑だが、老木は鱗片状にはがれる。上の2種はマンサク科だが、本種はカエデ科で翼果がつく。高さ10〜20m。
●中国原産の落葉高木。樹勢が強く各地で植栽。

90　春の樹木

◆見分けのポイント

フウ

- 葉先は3裂、まれに5裂。
- 若枝に稜はできない。
- 葉は互生する。
- 葉は無毛。葉質はやや厚い。
- 葉裏は緑色。
- 集合果が垂れ下がる。

木の情景 モミジバフウの紅葉　よく植栽されるのは、紅葉の魅力も要因（11.22）

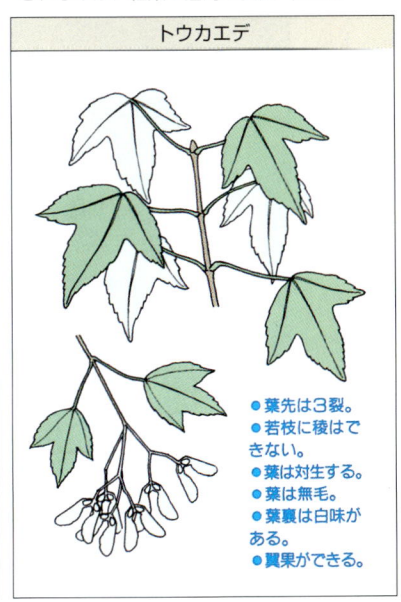

モミジバフウ

- 葉先は5～7裂する。
- 若枝にコルク質の稜ができる。
- 葉は互生する。
- 葉質はややうすく、裏面の葉脈基部にさび色の毛が多い。
- 葉裏は緑色。
- 集合果がさび色に熟す。

トウカエデ

- 葉先は3裂。
- 若枝に稜はできない。
- 葉は対生する。
- 葉は無毛。
- 葉裏は白味がある。
- 翼果ができる。

春の樹木　91

ウツギ／マルバウツギ／ヒメウツギ

葉が細長ければウツギ、まるみをおびた葉ならマルバウツギ

ユキノシタ科

ウツギ（空木）
花期・5～7月

●幹は下部からよく分枝し、株立状となることが多い。樹皮はよくはがれる。若枝、葉、葉柄、花序、花弁の外側、がくに星状毛が密生する。円錐花序を出し、白い5弁花を多数つける。花冠は鐘形で径約1cm。花糸に狭い翼がある。高さ1.5～2m。●北海道～九州の山野に生える落葉低木。生け垣など植栽も多い。和名は幹が中空のため。別名ウノハナ。

マルバウツギ（丸葉空木）
花期・5～6月

●葉は卵円形か卵形でまるみがあり、細長い葉のウツギとの違いは明瞭。葉の基部は円形だが、花序の下の葉は浅い心形になり茎を抱く。枝先に円錐花序を出し、白花を多数つける。花弁は5枚、雄しべは10本。花糸に歯はない。若い枝は紫褐色で星状毛が密生。幹は中空。高さ約1.5m。●関東地方以西、四国、九州の山地に生える落葉低木。別名ツクシウツギ。

◆**見分けのポイント**

	葉		花	
ウツギ		●卵状披針形で先はとがり、一見細長く見える。長さは4〜11cm。葉柄は長さ2〜4mm。	花糸	●花糸には翼があり、やくの1mmほど下に2歯がある。●花弁は狭楕円形。花径約1cm。
マルバウツギ		●卵円形または卵形で長さ3〜7cm。短柄があるか、ほぼ無柄で、とくに花序の下の葉は茎を抱く。	花糸	●花糸に翼はあるが、歯はない。●花弁は長楕円形。花径1〜1.5cm。

●**似ている種類**

↓マルバウツギの果実と紅葉（10.17）

ヒメウツギ（姫空木）
花期・5〜6月

● 若枝は緑褐色で細く無毛。葉はウツギより細く、星状毛はあるがウツギのようにはざらつかない。円錐花序に径1〜1.5cmの白花を多数つける。花糸に角がある。高さ1〜1.5m。●関東以西、四国、九州の山地に生える落葉低木。

ダンコウバイ／アブラチャン／サンシュユ

クスノキ科（ダンコウバイ、アブラチャン）／ミズキ科（サンシュユ）

花序はダンコウバイが最大で黄色も鮮やか、葉と果実の時期になれば3種の違いは明瞭

ダンコウバイ（檀香梅）
花期・3〜4月

●樹皮は灰黄褐色。まだ葉の出ない太めの枝に鮮黄色の花を5〜7個つける。花序は類似種中でいちばん大きい。花に香りがある。葉は広卵形で先が浅く3裂。高さ2〜6m。
●関東以西、四国、九州の山地に生える落葉低木〜小高木。別名ウコンバナ（鬱金花）。

アブラチャン（油瀝青）
花期・3〜4月

●渓流や水辺に多い。早春、細めの枝に淡黄緑色の花をつける。灰褐色の樹皮に小さな皮目が多い。葉は楕円形。高さ3〜5m。●本州、四国、九州の山野に生える落葉低木〜小高木。和名は昔、果実から灯火用の油を採取したため。別名ムラダチ、ズサ、ヂシャ。

サンシュユ（山茱萸）
花期・3〜4月

●上の2種（クスノキ科）と似ているが、本種はミズキ科。早春、対生した小枝に黄花を一面につける。樹皮は淡褐色で薄くはげる。高さ約10m。
●中国、朝鮮半島原産の落葉高木。植栽は東北南部〜九州。赤い果実は薬用。別名ハルコガネバナ、アキサンゴ。

◆見分けのポイント

	葉	果実
ダンコウバイ	●長さ5〜15cmと大きく、葉先が浅く3裂するものが多い。最初は絹毛があり、のち無毛。互生。	●液果はアブラチャンより小さく、赤から黒色に熟す。
アブラチャン	●長さ4〜9cmでやや小さく、先は分かれない。両面とも無毛。互生。	●液果はダンコウバイより大きく、帯黄色に熟すと不規則に割れる。
サンシュユ	●長さ4〜10cmで先は分かれない。対生。 ●側脈が弓形に曲がり目立つ。 ●裏面の中脈と側脈の基部に褐色の毛のかたまりがある。	●液果は長さ1.5cmの楕円形で赤く熟す。種子が大きい。

↓ダンコウバイの果実　径7〜8mm。やがて黒くなる（9.30）

木の情景　ダンコウバイの黄葉　葉が大きいので遠くからでも目立つ（東京都奥多摩日原　11.9）

↓アブラチャンの冬芽（2.28）

クスノキ／タブノキ／マテバシイ　　　クスノキ科／ブナ科

葉の3脈が明瞭なクスノキ、若葉の裏面に毛が密生するタブノキ

クスノキ（楠）
花期・5月

●木全体に芳香があり、新枝の葉のわきに円錐花序を出して黄白色の小さい花をつける。葉は最下の側脈が目立つので3主脈に見える。新芽は褐色。若枝は緑色で無毛。ふつうは高さ20m前後だが、高さ55m、径8mの大木もある。●関東地方南部以西、四国、九州に自生する常緑高木。庭、公園などに植栽され、神社や寺などに大木がある。枝、葉から樟脳をとる。

タブノキ（椨の木）
花期・5月

●新葉とともに枝先に円錐花序を出し、淡黄緑色の小さい花をつける。花序のつけ根に大形の芽鱗がある。葉はクスノキよりやや大きく、若葉の裏面に褐色の毛が密生する。近縁種に比べて冬芽が大きい。高さはふつう20m前後だが、30mに達する大木もある。●本州から沖縄までの暖地の沿海地に多い常緑高木。防風樹、防潮樹に植栽される。別名イヌグス。

◆見分けのポイント

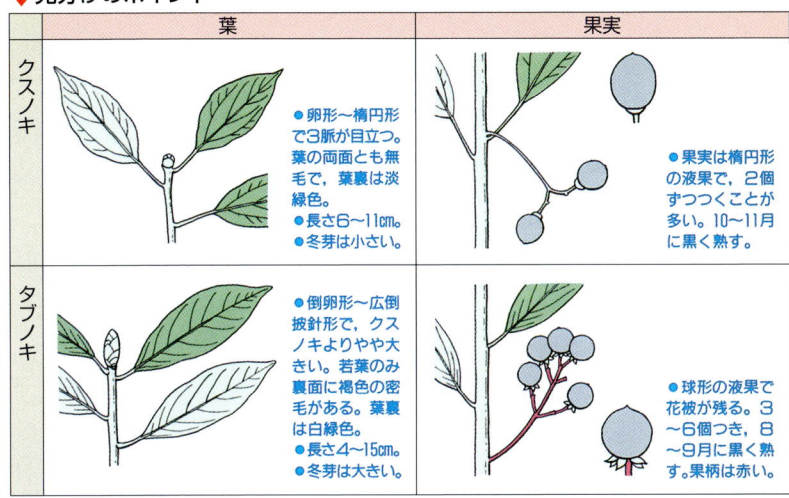

	葉	果実
クスノキ	●卵形〜楕円形で3脈が目立つ。葉の両面とも無毛で、葉裏は淡緑色。 ●長さ6〜11cm。 ●冬芽は小さい。	●果実は楕円形の液果で、2個ずつつくことが多い。10〜11月に黒く熟す。
タブノキ	●倒卵形〜広倒披針形で、クスノキよりやや大きい。若葉のみ裏面に褐色の密毛がある。葉裏は白緑色。 ●長さ4〜15cm。 ●冬芽は大きい。	●球形の液果で花被が残る。3〜6個つき、8〜9月に黒く熟す。果柄は赤い。

●似ている種類

↓クスノキの果実（11.19）

↓タブノキの果実（5.31）

マテバシイ（全手葉椎）
花期・6月

●左の2種はクスノキ科だが、本種はブナ科。葉は倒卵状楕円形で厚い革質。葉のわきから長い穂状花序を出し、黄褐色の小さい花をつける。高さ15mぐらい。
●紀伊半島、四国、九州、沖縄の沿海地に生える常緑高木。別名トウジイ。

木の情景 大山祇(おおやまずみ)神社のクスノキ　境内(けいだい)の巨木群は国の天然記念物（愛媛県大三島町　5.15）

ヤブニッケイ／ニッケイ　　　　　　　　　　　　　　クスノキ科

> ヤブニッケイは葉の3脈が基部から離れて分岐、ニッケイは基部から分岐

ヤブニッケイ（藪肉桂）
花期・6〜7月
- 葉は全縁で革質、表面に光沢がある。3脈が目立ち、葉の基部よりやや上で分岐する。花序は無毛。高さ15〜20m。
- 宮城県〜沖縄の沿海地に自生する常緑高木。種子は香油に、葉や樹皮は薬用に使われる。別名クスタブ。

ニッケイ（肉桂）
花期・5〜6月
- 葉はヤブニッケイより細く、3脈は葉の基部から分岐。葉、幹、根の樹皮に芳香がある。高さ約15m。
- 中国、インドシナ原産の常緑高木。関東南部以西で植栽。沖縄では野生化。幹と根の皮を香味料（ニッキ）、薬用、浴用剤にする。

◆見分けのポイント

ヤブニッケイ
- ニッケイよりやや葉幅が広く、葉先は短くとがる。葉の3脈は基部よりやや上で分岐。
- 葉は互生する。
- 花序は無毛。
- 花は淡黄色。

ニッケイ
- 葉はヤブニッケイより細く、葉先は長くとがる。葉の3脈は基部から分岐。
- 葉の先端部は対生、下部は互生する。
- 花序は有毛。
- 花は淡黄色。

クロモジ／オオバクロモジ／カナクギノキ／シロモジ

クロモジとオオバクロモジは樹皮が緑色で黒い斑点があり、カナクギノキは淡褐色で斑点はない

クスノキ科

クロモジ（黒文字）
花期・3～4月

●滑らかな緑色の樹皮に、黒い斑点がある。葉と同時に散形花序を出し小さい花をつける。幹は直立して枝が多い。高さ2～5m。●本州、四国、九州の太平洋側に生える落葉低木。樹皮や材に香りがあり、楊子や細工物に使う。葉や種子から香油をとる。

オオバクロモジ（大葉黒文字）
花期・4～5月

●クロモジの変種で、クロモジよりも葉が大きく、光沢はほとんどない。葉と同時に小さい花をつける。クロモジと同じく樹皮には黒の斑点がある。液果は黒く熟す。高さ2～5m。●北海道と本州中部以西、とくに日本海側の多雪地帯に多い落葉低木。

カナクギノキ（鉄釘の木）
花期・4～5月

●樹皮は上の2種と異なり淡褐色で、老木では小片となってはがれる。黒い斑点はない。葉の幅が狭い。果実は赤く熟す。高さ5～15m。●静岡県以西の山地に生える落葉小高木～高木。材質は名ほどかたくはなく器具材、楊子、薪炭などに使う。別名ナツコガ。

◆見分けのポイント

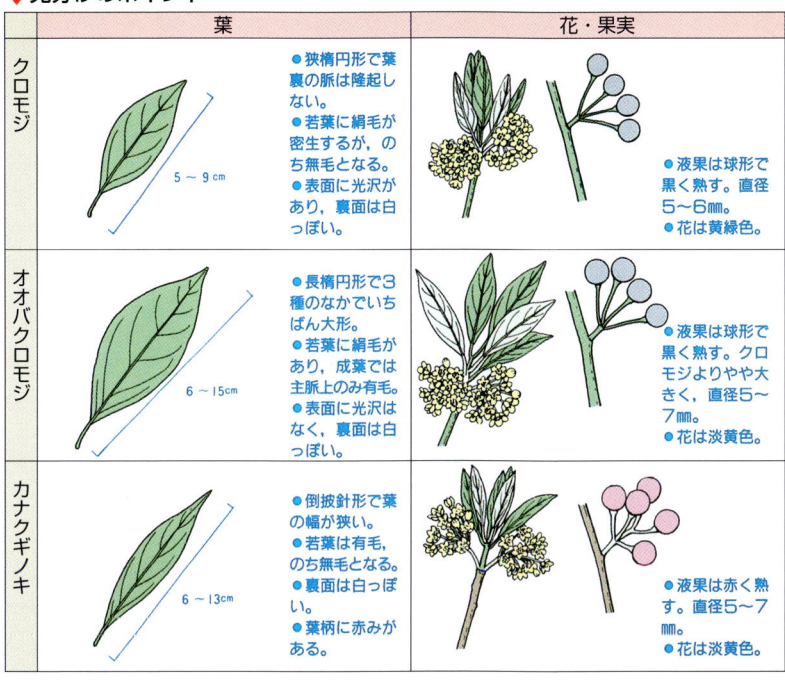

	葉		花・果実	
クロモジ	5〜9cm	●狭楕円形で葉裏の脈は隆起しない。 ●若葉に絹毛が密生するが、のち無毛となる。 ●表面に光沢があり、裏面は白っぽい。		●液果は球形で黒く熟す。直径5〜6mm。 ●花は黄緑色。
オオバクロモジ	6〜15cm	●長楕円形で3種のなかでいちばん大形。 ●若葉に絹毛があり、成葉では主脈上のみ有毛。 ●表面に光沢はなく、裏面は白っぽい。		●液果は球形で黒く熟す。クロモジよりやや大きく、直径5〜7mm。 ●花は淡黄色。
カナクギノキ	6〜13cm	●倒披針形で葉の幅が狭い。 ●若葉は有毛、のち無毛となる。 ●裏面は白っぽい。 ●葉柄に赤みがある。		●液果は赤く熟す。直径5〜7mm。 ●花は淡黄色。

◉似ている種類

シロモジ（白文字）
花期・4月
●黄花をつける姿をクロモジに対比させた命名。葉が3裂。高さ4〜6m。●新潟県以西に分布する落葉小高木。別名アカジシャ。

↓クロモジの樹皮

↓クロモジの冬芽はユーモラス

ハクモクレン／ソトベニハクモクレン／シデコブシ

花弁が9枚に見えるハクモクレン、ソトベニハクモクレンは6枚に見え、シデコブシは多数

ハクモクレン（白木蓮）
花期・3～4月

●樹皮は灰褐色。葉に先立って、枝先に径10～15cmの白色の大形花をつける。花は香りが強い。葉は倒卵形で先が短く突き出し、葉質は厚い。高さ10～15m。●中国原産の落葉高木。日本各地に植栽。果実は10月に熟し、長楕円形。種子は紅色。別名ハクレン。

ソトベニハクモクレン（外紅白木蓮）
花期・3～4月

●ハクモクレンとモクレンの交雑種で、両種の中間的形態を現す。樹形はやや直立性。花弁の外面が紅紫色、内面が白色のものが代表的で径9～20cm。花弁は6枚でがく片は小さい。高さ5～9m。●落葉小高木。日本各地で植栽。別名ニシキモクレン。

シデコブシ（幣拳）
花期・4月

●幹は単幹性で分枝は多い。葉に先立って、小枝のわきに径7～10cmの白または淡紅色花をつける。花弁と雄しべの一部が同色で、合わせて12～18枚の花弁に見える。高さ3～4m。●中部地方、近畿地方の山地に局部的に自生する落葉低木。別名ヒメコブシ。

モクレン科

◆見分けのポイント

ハクモクレン

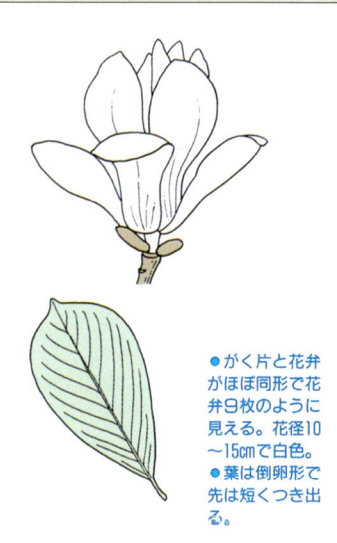

- がく片と花弁がほぼ同形で花弁9枚のように見える。花径10〜15cmで白色。
- 葉は倒卵形で先は短くつき出る。

木の情景 満開のハクモクレンの大樹（東京都新宿区新宿御苑 3.31）

ソトベニハクモクレン

- がく片は6枚の花弁より小さく花径9〜20cm。外面は紅紫色，内面は白色のものが多い。
- 葉の先は短くつき出てとがる。

シデコブシ

- 花弁が12〜18枚あるように見える。花径7〜10cm。色は白色または淡紅色。
- 葉は長楕円形または狭披針形で鈍頭。

春の樹木 103

モクレン／トウモクレン　　　　　　　　　　　モクレン科

モクレンは花弁の先にまるみがあり、トウモクレンは先がとがる

モクレン（木蓮）
花期・4～5月
●木は株立状。葉より早く枝先に暗紫紅色の6弁花を上向きに半開する。花弁の長さ約10cm。葉は互生（ごせい）し、短柄（たんぺい）で長さ8～18cmの広倒卵形、先端は突き出す。高さ2～4m。●中国原産の落葉低木。別名シモクレン、モクレンゲ。

トウモクレン（唐木蓮）
花期・4～5月
●モクレンの変種。開葉と同時に枝先に濃赤紫色花を上向きに半開する。花弁の長さ約7cm、内面は白っぽい。葉は互生し長さ8～13cmの倒卵形で、先は急に鋭くとがる。高さ3～4m。●中国原産の落葉低木。別名ヒメモクレン。

◆見分けのポイント

モクレン
●花弁の長さ約10cmでトウモクレンより大きい。花弁の上部の幅が下部より広く、先端はややまるみがある。花弁の内面は淡紫色。

トウモクレン
●花弁の長さ約7cmでモクレンより小さい。花弁の上下の幅にあまり差はなく、先端はとがる。花弁の内面は白色に近い。

木の情景　春の陽光のもとで咲き誇るトウモクレン（東京都調布市神代植物園　4.2）

コブシ／タムシバ　　　モクレン科

花の下に1枚の葉があればコブシ、なければタムシバ

コブシ（辛夷、拳）
花期・3～5月

●葉に先立ち芳香のある白い6弁の花を開く。径6～10cm。がく片は3枚あり緑色。開花期に花の下に葉を1枚つける。つぼみは拳の形。集合果は長さ5～10cmで、こぶが多く、熟すと袋果が裂けて赤い種子が白い糸で垂れ下がる。高さ5～18m。●北海道～九州の山野に生える落葉小高木～高木。植栽も多い。別名ヤマアララギ。和名はつぼみの形に由来する。

タムシバ（田虫葉）
花期・4～5月

●コブシは花の下に1枚の葉がつくが、タムシバにはつかない。花弁はふつう6枚、白色のがく片が3枚あり、これも花弁のように見える。小枝は細く無毛。葉は互生し、長さ4～18cmの卵状長楕円形。集合果の形や大きさはコブシとほぼ同じ。高さ3～9m。●本州、四国、九州の山地に生え、とくに日本海側に多い落葉小高木。香りがよいので別名ニオイコブシ。

◆見分けのポイント

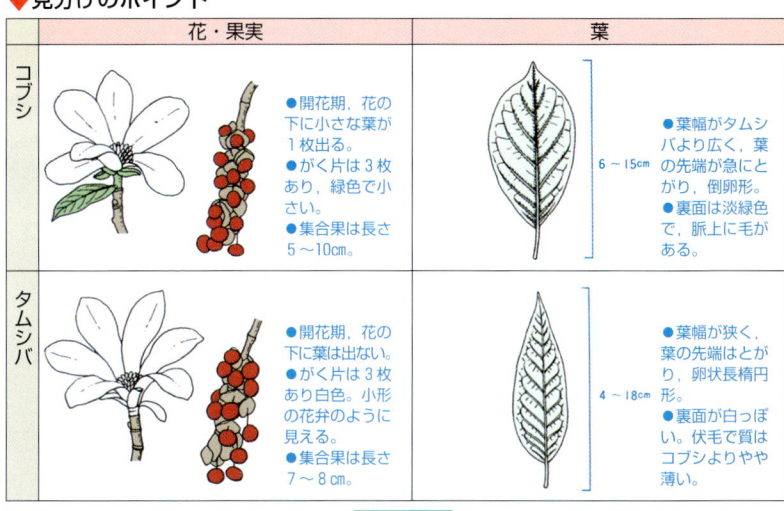

	花・果実	葉
コブシ	●開花期、花の下に小さな葉が1枚出る。 ●がく片は3枚あり、緑色で小さい。 ●集合果は長さ5〜10cm。	6〜15cm ●葉幅がタムシバより広く、葉の先端が急にとがり、倒卵形。 ●裏面は淡緑色で、脈上に毛がある。
タムシバ	●開花期、花の下に葉は出ない。 ●がく片は3枚あり白色。小形の花弁のように見える。 ●集合果は長さ7〜8cm。	4〜18cm ●葉幅が狭く、葉の先端はとがり、卵状長楕円形。 ●裏面が白っぽい。伏毛で質はコブシよりやや薄い。

↓タムシバの赤い雄しべと緑色の雌しべ 花の白に対比して美しい。

木の情景 春の林で白い花が目を引くコブシ 木の周りによい香りがただよう（山梨県長坂町 4.14）

↓コブシの集合果 袋果の種子は赤い。

オオヤマレンゲ／ウケザキオオヤマレンゲ　　モクレン科

横向きに咲くオオヤマレンゲ、上向きに咲くウケザキオオヤマレンゲ

オオヤマレンゲ（大山蓮華）
花期・5～7月
●芳香のある白い花が横向きに咲く。花径5～10cm。やくは黄色～紅色。葉は互生し長さ7～16cmで全縁。袋果は9月に成熟。高さ2～4m。●新潟県以西、四国、九州の深山に生える落葉低木。別名ミヤマレンゲ。

ウケザキオオヤマレンゲ（受咲大山蓮華）
花期・5～7月
●オオヤマレンゲとホオノキとの雑種で幹は直立。花は上向きに咲き、オオヤマレンゲよりやや大きい。花径10～15cm。葉は互生で長さ14～16cm。果実はつかない。高さ5～6m。●落葉小高木。植栽は東北地方南部～沖縄。

◆ 見分けのポイント

	オオヤマレンゲ	ウケザキオオヤマレンゲ
樹形	樹形あり、果実あり	樹形あり
特徴	●幹は直立しない。●葉柄はウケザキオオヤマレンゲより長く、2～3.5cm。●実がつく。	●幹は直立する。●葉柄はオオヤマレンゲより短く1.5～2cm。●実はつかない。

108　春の樹木

オガタマノキ／カラタネオガタマ　　モクレン科

> オガタマノキは高木、カラタネオガタマは低木でバナナの香り

オガタマノキ（招霊の木）
花期・3～4月
●葉のわきに帯黄白色の芳香のある花をつける。神社に多く植えられ、枝を神前に供える。花径3～3.5cm。葉は互生し長さ5～10cm。種子は赤色。高さ10～15m。●関東地方～沖縄の山地に自生する常緑高木。別名ダイシコウ。

カラタネオガタマ（唐種招霊）
花期・3～4月
●オガタマノキより木が低い。花は淡黄色で、縁が紅色をおび、バナナに似た強い香りがある。花径2.5～3cm。葉は互生し長さ4.5～8cm。高さ3～5m。●中国南部原産の常緑低木。関東地方～沖縄に植栽。別名トウオガタマ。

◆見分けのポイント

オガタマノキ
- 花は平開し,帯黄白色。
- 葉の裏面は灰白色で有毛。
- 10m以上の高木となり、枝分かれが多い。
- 若枝は最初のみ有毛。

カラタネオガタマ
- 花は平開せず,淡黄色。
- 葉の裏面は淡緑色。
- 高さ3～5m。単木または株立ち。
- 若枝に褐色の毛が密生する。

シキミ／ミヤマシキミ／ツルシキミ　　モクレン科／ミカン科

香りのシキミは見上げる高さ、ミヤマシキミは根ぎわで分枝

シキミ（樒）
花期・3〜4月

●葉には光沢があり、さわやかな香りを放つが、果実にアニサチンを含む有毒植物。葉は互生し、長楕円形で無毛。枝先に径3cmぐらいの淡黄白色の花を開く。果実は八角形の袋果で秋に熟す。高さ5〜8m。●宮城県、石川県〜沖縄の山地に自生する常緑小高木。寺の境内や墓地によく植えられている。生の枝を仏事に供える。別名シキビ、ハナノキ。

ミヤマシキミ（深山樒）
花期・3〜5月

●幹は根ぎわからよく枝分かれする。枝や葉はシキミに似ているが、本種はミカン科で、葉に油点がある。葉は互生するが、やや輪生状に見える。枝先の円錐花序に小さい白花を多数つける。雌雄異株。果実は液果で、秋に熟すと光沢のある真紅となり、林内で目立つが、有毒なので食べないこと。高さ0.5〜1m。●福島県〜沖縄の林内に生える常緑小低木。

◆見分けのポイント

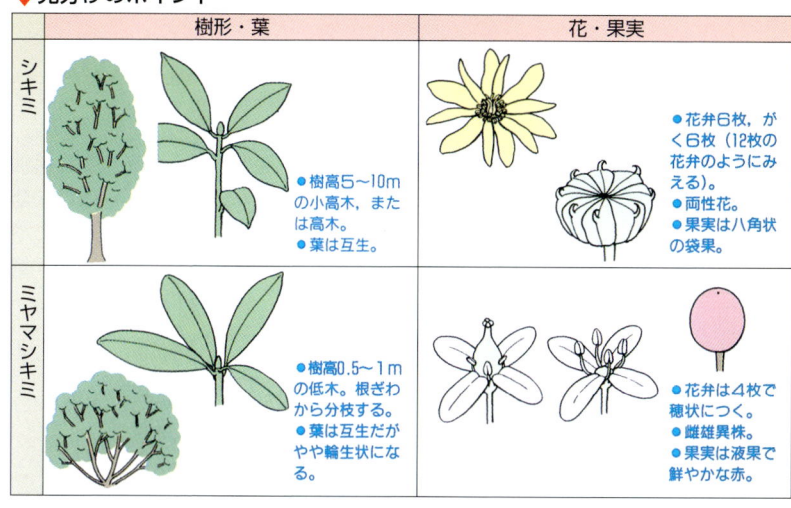

	樹形・葉	花・果実
シキミ	●樹高5〜10mの小高木、または高木。●葉は互生。	●花弁6枚、がく6枚（12枚の花弁のようにみえる）。●両性花。●果実は八角状の袋果。
ミヤマシキミ	●樹高0.5〜1mの低木。根ぎわから分枝する。●葉は互生だがやや輪生状になる。	●花弁は4枚で穂状につく。●雌雄異株。●果実は液果で鮮やかな赤。

●似ている種類

ツルシキミ（蔓樒）
花期・4〜5月

●本種はミカン科でミヤマシキミによく似ているが、茎が地面をはい、斜上する。葉はふつうミヤマシキミより小さい。枝先の円錐花序に白花をつける。果実は赤く熟す。高さ1m弱。●北海道〜九州のおもに日本海側に多い常緑小低木。

↓シキミの果実（9.28）

↓ミヤマシキミの果実（10.30）

春の樹木 111

ロウバイ/ソシンロウバイ/クロバナロウバイ

ロウバイは花の中心部が暗紫色、ソシンロウバイは全部が黄色、クロバナロウバイは赤黒い

ロウバイ（蠟梅）
花期・1〜2月

●幹は叢生し、よく分枝する。葉に先立って香りのある黄花を下向きか横向きにつける。花弁とがく片は多数あり区別できない。花の中心部は暗紫色、外側の花被片は黄色でやや光沢がある。葉は薄い洋紙質。偽果は長卵形。高さ2〜4m。●中国原産の落葉低木。

ソシンロウバイ（素心蠟梅）
花期・1〜2月

●葉に先立って、ロウバイよりやや大きな花をつける。花は花被片すべてが黄色で、中心部が暗紫色にはならない。花被片はやや幅が広く、先は少しまるみがあり、芳香を放つ。葉はロウバイとほぼ同じ形状。高さ2〜4m。●中国原産の落葉低木。

クロバナロウバイ（黒花蠟梅）
花期・5〜6月

●上の2種より花期が遅く、花は暗赤褐色。短枝を出し、葉を開きながら同時に開花する。雄しべは13本前後でロウバイの5〜6本より多い。葉の裏面は粉白色で軟毛が密生。高さ1〜2m。●北米東部原産の落葉低木。植栽は多い。別名アメリカロウバイ。

ロウバイ科

春の樹木

◆見分けのポイント

ロウバイ

- 内側の花被片は暗紫色、その外側は黄色。いちばん外側は多数の細鱗片となる。
- 花径は約2cmで小さく、花被片はややとがる。
- 果実（偽果）は長卵形で長さ約3.5cm。

果実（偽果）

↑ロウバイの果実（偽果） 花が終わると多数つき、枝がにぎわう（5.6）

ソシンロウバイ

- 花被片は内側も外側もすべて黄色。
- 花径は2.5～3cmで、ロウバイより大きい。花被片もやや広く、先は少しまるみがある。
- 果実（偽果）は形、大きさともロウバイとほぼ同じ。

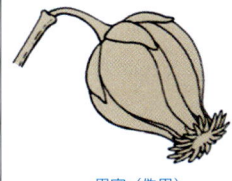

果実（偽果）

クロバナロウバイ

- 花被片はすべて暗赤褐色。
- 花径は約5cmで、上記の2種よりかなり大形。
- 果実（偽果）は長楕円形で長さ4～6cm、上記2種より大きい。

果実（偽果）

春の樹木 113

ボタン／シャクヤク／ヤマシャクヤク

ボタンは高さ1m余りの木、シャクヤクはその半分ぐらいの高さの草

ボタン（牡丹）
花期・5月

●幹は直立して分枝。枝の先に径15〜20cmの大きな花を開く。花弁は8枚または多数あり、倒卵形（とうらんけい）で縁は不規則に切れこむ。花色は変化に富む。高さ1〜1.5m。●中国原産の落葉低木。観賞用の園芸品種は多彩。根皮（こんぴ）は牡丹皮とよばれ、薬用とする。

シャクヤク（芍薬）
花期・5月

●よく似たボタンは木だが、本種は草で灌木（かんぼく）にならない。花弁は10枚前後、園芸品種には多数つくものもある。花は大形で完全に開く。がくはふつう5枚。高さ約60cm。●中国原産の多年草。観賞用の園芸品種は多い。根は薬用にする。別名エビスグサ。

ヤマシャクヤク（山芍薬）
花期・4〜6月

●シャクヤクよりやや小さい白花を茎の先に1個開く。花弁は5〜7枚、がくはふつう3枚ある。花は完全には開かない。葉には光沢（こうたく）がなく、質は薄い。高さ40〜50cm。●北海道、本州(関東以西)、四国、九州の山地の樹林下に自生する多年草。

ボタン科

◆見分けのポイント

ボタン

- 花弁は8枚または多数，がく片は5枚ある。
- 葉は2回3出複葉または2回羽状複葉。

木の情景 カンボタン（寒牡丹） 冬は「わらづと」で保護（鎌倉市鶴岡八幡宮 1.26）

シャクヤク

- 花弁は約10枚，がく片は緑色でふつう5枚。花は完全に開く。
- 下部の葉は2回3出複葉，上部の葉は3出葉または単葉。小葉の基部は柄に延下する。質が厚く光沢があり裏面は緑色で鋭尖頭。

ヤマシャクヤク

- 花弁は5～7枚，がくは緑色でふつう3枚。花は完全には開かない。
- 葉はシャクヤクと同じだが小葉の基部は柄に延下しない。質は薄く光沢はない。裏面は粉白色で急鋭頭。

春の樹木 115

ヒイラギナンテン／ホソバヒイラギナンテン

メギ科

ヒイラギナンテンは春咲きで小葉に鋭いとげ、ホソバヒイラギナンテンは秋咲きで葉が細い

ヒイラギナンテン（柊南天）
花期・3～4月
●春に黄色の花を総状につける。小葉は卵形から楕円形。頂小葉のみ有柄で側小葉は無柄。果実は秋に黒紫色に熟す。冬には葉が紅褐色に色づく。高さ1～3m。●台湾、中国、ヒマラヤ原産の常緑低木。別名トウナンテン。

ホソバヒイラギナンテン（細葉柊南天）
花期・9～10月
●秋になって総状花序を出し、黄花を多数つける。小葉は狭披針形でヒイラギナンテンより細長く、先が鋭くとがる。頂小葉も無柄。果実は翌春に藍黒色に熟す。冬でも葉は色づかない。高さ1～2m。●中国原産の常緑低木。

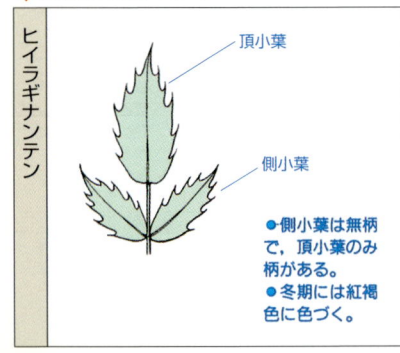

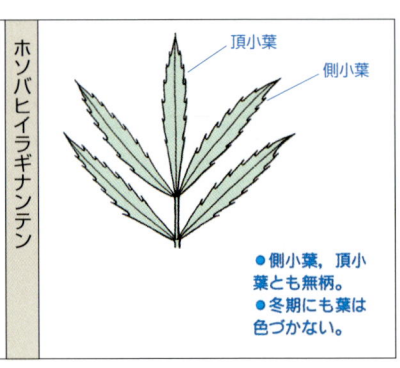

◆見分けのポイント

ヒイラギナンテン
頂小葉
側小葉
●側小葉は無柄で、頂小葉のみ柄がある。
●冬期には紅褐色に色づく。

ホソバヒイラギナンテン
頂小葉
側小葉
●側小葉、頂小葉とも無柄。
●冬期にも葉は色づかない。

木の情景 カツラ（桂）　早春、大木に赤いもやがかかったようになる。雌雄異株（しゆういしゆ）。赤く見えるのは雄花（円内）。北海道～九州の山地に生えるカツラ科の落葉高木（東京都高尾山　3.28）

春の樹木　117

アコウ／ガジュマル

クワ科

アコウは葉の基部がまるく、ガジュマルはくさび形

アコウ（赤榕、雀榕）
花期・5月ごろ
●幹からさかんに気根(きこん)を出す。3〜4月にいっせいに落葉し、すぐに新芽を出す。葉は厚くて光沢(こうたく)があり大きい。5月に球形の果のうをびっしりつける。高さ約20m。●和歌山県南部〜沖縄の沿海地に生える常緑高木。別名アコギ。

ガジュマル（榕樹）
花期・5月ごろ
●幹に多数の気根を生じ垂れ下がるがアコウのように一度に葉を落とすことはない。葉はアコウより小さい。5月に果のうをつける。高さ約25m。●小笠原、種子島、屋久島以南の亜熱帯地域に生える常緑高木。別名タイワンマツ。

◆見分けのポイント

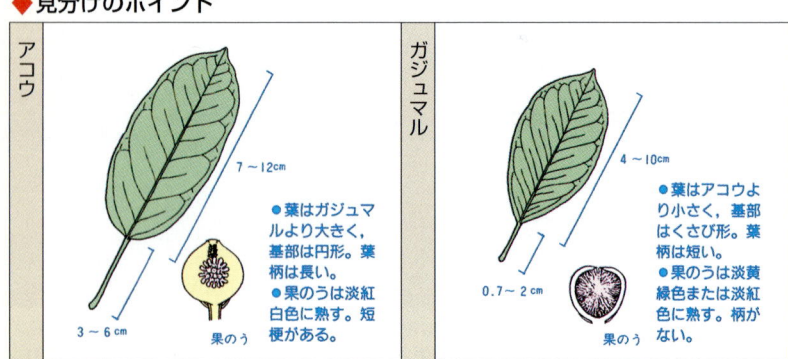

アコウ
7〜12cm
3〜6cm
●葉はガジュマルより大きく、基部は円形。葉柄は長い。
●果のうは淡紅白色に熟す。短柄がある。
果のう

ガジュマル
4〜10cm
0.7〜2cm
●葉はアコウより小さく、基部はくさび形。葉柄は短い。
●果のうは淡黄緑色または淡紅色に熟す。柄がない。
果のう

木の情景　樹幹から多数の気根が垂れ下がり、異様な姿を見せるガジュマル（屋久島 3.23）

ヤマグワ／コウゾ／カジノキ　　　　クワ科

> 若枝がいちばん太く、あらい毛が密生するのはカジノキ

ヤマグワ（山桑）
花期・4月

●養蚕に不可欠な木。若枝は最初有毛。葉質は薄く表面がざらつく。葉柄は短い。果実は7～8月に赤から黒に熟し、食べられる。高さ10～15m。●各地の山地に自生、また古くから栽培の多い落葉高木。養蚕や細工物に用いる。別名クワ。

コウゾ（楮）
花期・5月

●ヤマグワやカジノキより枝が細くよく分枝。若枝はほとんど無毛。葉質はやや薄く葉柄は短い。雄花序は球形。高さ2～5m。●東北地方～沖縄の人家近くの山地に多い落葉低木。和紙の原料で栽培品種も多い。別名ヒメコウゾ。

カジノキ（梶の木）
花期・5～6月

●ヤマグワやコウゾより若枝が太く、あらい毛が密生。葉質は厚く表面はざらつく。裏面には短毛が密生。樹皮は帯黄灰白色。高さ5～10m。●中部地方南部～沖縄の山野に生える落葉小高木。古くから製紙用に栽培されている。

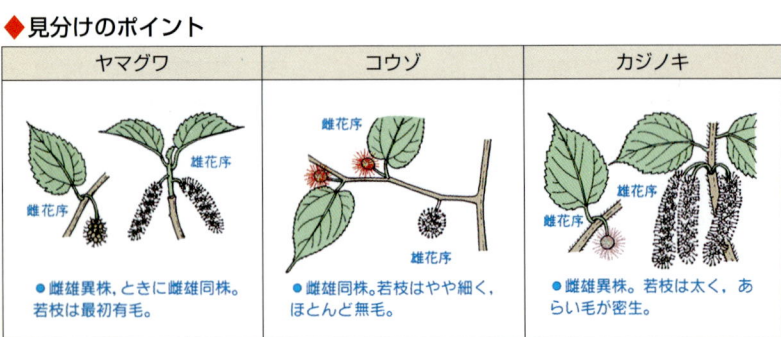

◆見分けのポイント

ヤマグワ	コウゾ	カジノキ
●雌雄異株、ときに雌雄同株。若枝は最初有毛。	●雌雄同株。若枝はやや細く、ほとんど無毛。	●雌雄異株。若枝は太く、あらい毛が密生。

木の情景　雪化粧をしたケヤキ　斜上する枝ぶりがひときわ美しい（東京都八王子市　2.24）

ケヤキ／ムクノキ／エノキ／エゾエノキ

ケヤキの葉の側脈は鋸歯まで一本線、ムクノキは途中で分岐、エノキは鋸歯まで届かない

ニレ科

ケヤキ（欅、槻）
花期・4〜5月

●樹皮は灰褐色、老木では鱗片状にはがれる。葉は狭卵形で基部は浅い心形〜円形。側脈が鋸歯まで達し、分岐しない。花は淡黄緑色で小さい。果実は暗褐色に熟す。高さ20〜30m。●本州、四国、九州の山野に生える落葉高木。関東地方に植栽が多い。

ムクノキ（椋の木）
花期・5月ごろ

●樹皮は淡灰褐色で縦に割れ、薄片状にはがれる。葉は狭卵形で鋸歯は基部まである。側脈は分岐し、鋸歯の先端まで達する。花は淡緑色で小さい。果実は黒く熟す。高さ15〜30m。●関東以西〜沖縄の山地に生える落葉高木。家の防風樹によく植えられる。

エノキ（榎）
花期・4〜5月

●樹皮は黒灰色で斑点状の凹凸があり、割れないがざらつく。葉は広卵形〜楕円形で、側脈の先端は鋸歯まで届かない。花は淡黄褐色で小さい。果実は赤褐色に熟す。高さ15〜20m。●本州、四国、九州の山地に生える落葉高木。オオムラサキの幼虫の食草。

◆見分けのポイント

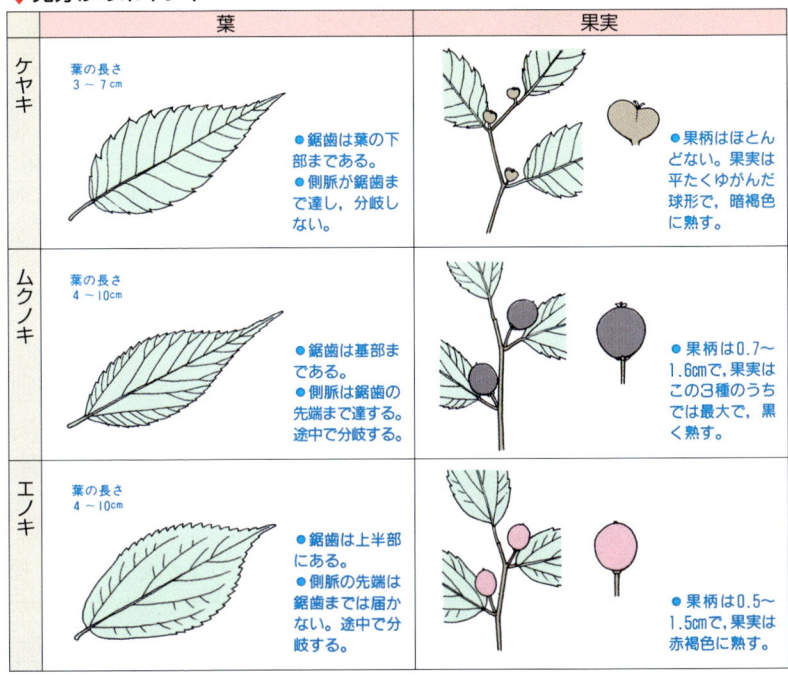

	葉	果実	
ケヤキ	葉の長さ 3〜7cm	●鋸歯は葉の下部まである。●側脈が鋸歯まで達し、分岐しない。	●果柄はほとんどない。果実は平たくゆがんだ球形で、暗褐色に熟す。
ムクノキ	葉の長さ 4〜10cm	●鋸歯は基部まである。●側脈は鋸歯の先端まで達する。途中で分岐する。	●果柄は0.7〜1.6cmで、果実はこの3種のうちでは最大で、黒く熟す。
エノキ	葉の長さ 4〜10cm	●鋸歯は上半部にある。●側脈の先端は鋸歯までは届かない。途中で分岐する。	●果柄は0.5〜1.5cmで、果実は赤褐色に熟す。

● 似ている種類

エゾエノキ（蝦夷榎）
花期・4〜5月

●樹皮は灰褐色。葉の基部は左右が不対称。葉脈が目立ち、裏面は白っぽい。●北海道〜九州の山地の谷あいに生える落葉高木。

木の情景　多摩御陵のケヤキ並木（八王子市 11.19）

ハルニレ／アキニレ／オヒョウ

春に花が咲くハルニレ、秋に咲くのがアキニレ、葉先が分かれるのはオヒョウ

ハルニレ（春楡）
花期・4〜5月

●そびえ立つような高木で、北海道で植栽が多い。葉はゆがんだ倒卵形（とうらんけい）でざらつく。樹皮は暗灰褐色で縦に不規則に裂ける。新葉が出る前に、黄みがかった緑色の小さい花が集まってつく。高さ約30m。
●北海道〜九州に分布する落葉高木。北国の山地に多い。

アキニレ（秋楡）
花期・9月

●公園などでよく見かける高木。初秋に淡黄色の小さい花が集まってつく。ハルニレ、オヒョウより葉が小さい。樹皮は灰褐色、老木では鱗片状（りんぺんじょう）にはがれる。高さ10〜15m。
●東海地方〜沖縄の山野に生える落葉高木。別名イシゲヤキ、カワラゲヤキ。

オヒョウ
花期・4〜5月

●淡灰褐色の樹皮は縦に浅く裂けてはがれる。葉の先端が分かれることが多い。葉質はやや薄く、両面ともざらつく。高さ約25m。●北海道〜九州の山地に生える落葉高木。和名のオヒョウはアイヌ語。別名ヤジナ、アッシ。繊維でアッシという布を織る。

ニレ科

◆見分けのポイント

ハルニレ

3〜12cm

- 葉の先端は分かれず、重鋸歯がある。葉の中脈の表面のみ有毛。
- 種子は翼果の上部につく。
- 新葉に先立って開花。

↑**オヒョウの花** 葉が開く前に小さい花が集まってつく（4.3）

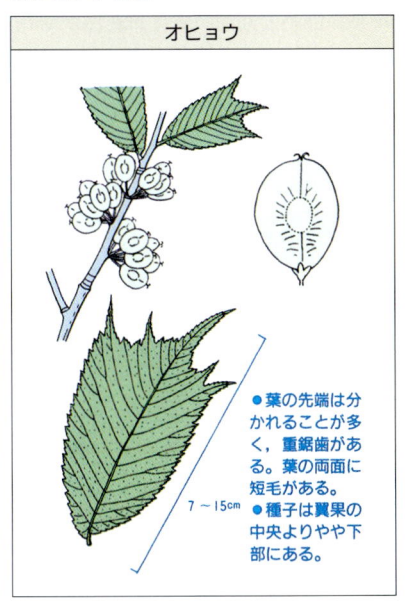

アキニレ

2〜6cm

- 葉の先端は分れず、単鋸歯がある。葉の中脈の表面のみ有毛。
- 種子は2個あり翼果の中央につく。
- ハルニレ、オヒョウと比べ葉がいちばん小さい。

オヒョウ

7〜15cm

- 葉の先端は分かれることが多く、重鋸歯がある。葉の両面に短毛がある。
- 種子は翼果の中央よりやや下部にある。

春の樹木 125

ハシバミ／ツノハシバミ

カバノキ科

> ハシバミは雄花序が上につき、ツノハシバミは雌花序が上につく

ハシバミ（榛）
花期・3～4月

●葉に浅い欠刻がある。雄花序が雌花序より上につき、雌花序の柱頭は紅色の束になる。果実は球形で2枚の総苞から半分くらい顔を出す。●北海道〜九州の山野に生える落葉低木。果実は日本産ナッツとしては最高の味。

ツノハシバミ（角榛）
花期・3～4月

●葉にハシバミのような浅い欠刻はなく整っている。雄花序と雌花序の位置はハシバミと逆で、雌花序が上につく。果実の先が突き出すのでツノハシバミ。●北海道〜九州の山地に生える落葉低木。果実は食用。別名ナガハシバミ。

◆見分けのポイント

ハシバミ
- 果実は球形で2枚の総苞に半ば包まれている。
- 葉は不整重鋸歯で、浅い欠刻がある。
- 雄花序は雌花序より上につく。

ツノハシバミ
- 果実の先はくちばし状の筒になり、硬い毛の密生した総苞に完全に包まれる。
- 葉に大きな欠刻はない。
- 雌花序が雄花序の上につく。

木の情景　若葉が出はじめたシラカバ林（長野県八ケ岳八千穂高原　5.31）

シラカバ／ダケカンバ

カバノキ科

シラカバは白い樹皮、灰褐色の樹皮ならダケカンバ

シラカバ（白樺）
花期・4～5月

●樹皮は白く、薄い紙状にはがれる。葉は長枝では互生し、短枝では2枚つく。葉と同時に開花する。雌雄同株。雄花序は長さ3～4cmで垂れ下がり、雌花序は上を向く。9月ごろ果穂が下向きにつく。高さ約20m。
●中部地方～北海道の日当たりのよい山地に生える落葉高木。庭木、公園や街路樹に植栽。材は器具や細工物などに使われる。別名シラカンバ、カバノキ。

ダケカンバ（岳樺）
花期・5月

●シラカバより高地の亜高山帯～高山帯下部に多く、森林限界付近では低木状あるいは著しく曲がった樹形となる。樹皮はふつう灰褐色。雌雄同株で雄花序は黄褐色、雌花序は緑色。葉は互生し表面はシラカバより光沢がある。秋に果穂は上向きにつく。高さは20mぐらい。●北海道、本州（奈良県以北）、四国の山地に生える落葉高木。別名ソウシカンバ。

◆見分けのポイント

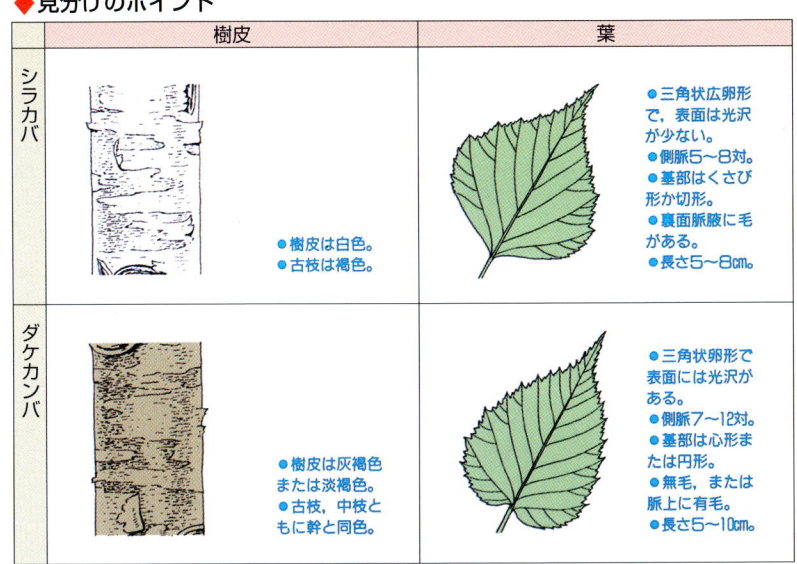

	樹皮	葉
シラカバ	●樹皮は白色。 ●古枝は褐色。	●三角状広卵形で，表面は光沢が少ない。 ●側脈5～8対。 ●基部はくさび形か切形。 ●裏面脈腋に毛がある。 ●長さ5～8㎝。
ダケカンバ	●樹皮は灰褐色または淡褐色。 ●古枝，中枝ともに幹と同色。	●三角状卵形で表面には光沢がある。 ●側脈7～12対。 ●基部は心形または円形。 ●無毛，または脈上に有毛。 ●長さ5～10㎝。

木の情景　雪とたたかうダケカンバ　幹は横ばいになっても生きている（富士山5合目　6.17）

ヤシャブシ／オオバヤシャブシ／ヒメヤシャブシ

雌花穂が雄花穂の下につくヤシャブシとヒメヤシャブシ、上につくのがオオバヤシャブシ

カバノキ科

ヤシャブシ（夜叉五倍子）
花期・3月ごろ

●雌花序が雄花序の下に1～2個直立する。雄花序は黄褐色、雌花序は赤紫色。葉は互生し葉柄は有毛。果穂は2個つくことが多く垂れない。高さ10～20m。●本州（太平洋側）、四国、九州の山地に生える落葉高木。果穂からタンニンをとる。別名ミネバリ。

オオバヤシャブシ（大葉夜叉五倍子）
花期・3月ごろ

●雌花序は雄花序より上に1個つく。雄花序は太く弓形に曲がる。葉は互生し、葉柄は無毛。果穂は1個で大きく、葉柄の基部につく。高さ5～10m。●東北地方南部～紀伊半島の太平洋側と、伊豆諸島の海岸近くの山地に多い落葉小高木～高木。

ヒメヤシャブシ（姫夜叉五倍子）
花期・4月ごろ

●雌花序は雄花序の下に3～6個つく。葉は狭卵形で、葉柄は有毛。果穂は3～6個が垂れ下がる。高さ4～10m。●北海道、本州、四国の山地に生える落葉低木～小高木。山地の崩壊地を固めるためによく使われることからハゲシバリの別名がある。

◆見分けのポイント

	葉		花序	
ヤシャブシ		●狭卵形で基部は円形。側脈は10〜17対。表面に光沢はない。長さ4〜10cm、幅2〜4.5cm。		●雌花序は雄花序の下部につく。
オオバヤシャブシ		●卵形で基部は円形。側脈は12〜15対。表面に光沢がある。長さ6〜12cm、幅3〜6cm。		●雌花序は雄花序の上部につく。
ヒメヤシャブシ		●狭卵形で基部はくさび形。側脈は16〜25対。表面に光沢はない。長さ4〜12cm、幅2〜4.5cm。		●雌花序は雄花序の下部につく。

↓ヤシャブシの果実（7.14）

↓ヒメヤシャブシの果実（8.16）

春の樹木

ハンノキ／ケヤマハンノキ／ミヤマハンノキ

ハンノキは葉が細く、ケヤマハンノキは広卵形で長い雄花序、ミヤマハンノキは雄花序が短い

カバノキ科

ハンノキ（榛の木）
花期・2～3月

●低湿地に多く自生。幹は直立し樹皮は紫褐色で縦に割れてはげる。葉に先立って黒褐紫色の雄花序(ゆうかじょ)を下げる。葉は卵状長楕円形(ちょうだえんけい)。果実は翌年の春まで残る。高さ15～25m。
●北海道～九州に分布する落葉高木。田や池の周りに植栽。種子は染料。別名ハリノキ。

ケヤマハンノキ（毛山榛の木）
花期・2～3月

●砂防や緑化用によく植栽される木。葉より早く枝先に長い雄花序を下げる。若枝や花序に毛が多い。樹皮は黒褐色で皮目は灰色。葉は広卵形(こうらんけい)～広楕円形。堅果(けんか)は倒卵形(とうらんけい)。高さ約18m。●北海道～九州の山地に自生する落葉高木。毛の少ない近似種がヤマハンノキ。

ミヤマハンノキ（深山榛の木）
花期・5～7月

●高山に多い。幹は下部から分枝し株立状になる。5～7月に濃紫褐色の雄花序を下げる。若枝や芽、葉の裏などが粘つく。堅果に広い翼(よく)がある。高さ4～8m。●中部地方以北～北海道の亜高山帯～高山帯に自生する落葉低木～小高木で、乾燥した斜面に多い。

◆見分けのポイント

ハンノキ

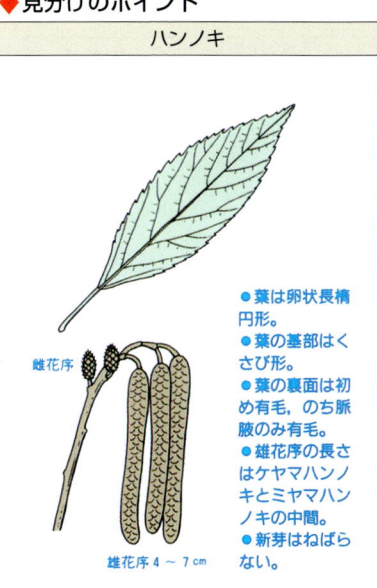

雌花序

雄花序 4～7 cm

- 葉は卵状長楕円形。
- 葉の基部はくさび形。
- 葉の裏面は初め有毛，のち脈腋のみ有毛。
- 雄花序の長さはケヤマハンノキとミヤマハンノキの中間。
- 新芽はねばらない。

木の情景 水につかるハンノキ林（さいたま市荒川土手 5.14）

ケヤマハンノキ

雌花序

雄花序 7～9 cm

- 葉は広卵形～広楕円形。
- 葉の基部は円形または切形。
- 葉裏は灰白色で密毛がはえる。
- 雄花序は長い。
- 新芽はねばらない。

ミヤマハンノキ

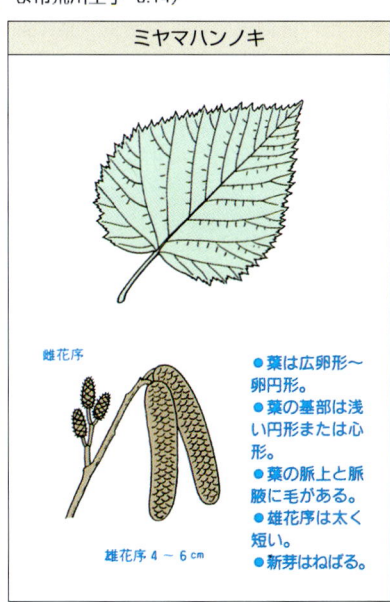

雌花序

雄花序 4～6 cm

- 葉は広卵形～卵円形。
- 葉の基部は浅い円形または心形。
- 葉の脈上と脈腋に毛がある。
- 雄花序は太く短い。
- 新芽はねばる。

春の樹木 133

オニグルミ／テウチグルミ　　　　クルミ科

葉に細かい鋸歯があればオニグルミ、全縁ならテウチグルミ

オニグルミ（鬼胡桃）
花期・5～6月
●若枝に黄褐色の軟毛が密生。葉は奇数羽状複葉で、小葉は4～10対、縁に細かい鋸歯がある。雌雄同株。核果はかたくて厚い殻があり、種子は食べられる。高さ約25m。●北海道～九州の山野の川沿いに生える落葉高木。

テウチグルミ（手打胡桃）
花期・4～5月
●若枝は黒緑色で無毛。小葉は光沢があり鈍頭で全縁。核果は楕円形か球形で大きく、核は手で簡単に割れる。高さ10～20m。●中国原産の落葉高木。東北地方、長野県などで栽培される。種子は食用。別名カシグルミ。

◆**見分けのポイント**

オニグルミ
●小葉は4～10対あり、星状毛が多い。
●葉は卵状長楕円形で、縁にこまかい鋸歯があり先は鋭尖頭。

テウチグルミ
●小葉は2～4対だが、通常2対のものが多い。光沢があり、成葉では裏面葉脈の基部にのみ星状毛がある。
●葉は楕円形で鈍頭、全縁。

134　春の樹木

サワグルミ／シナサワグルミ

クルミ科

サワグルミは葉の軸に翼がなく、シナサワグルミは翼がつく

サワグルミ（沢胡桃）
花期・5月ごろ
●幹は直立してそびえ、卵状球形の樹冠となる。葉は奇数羽状複葉で小葉は5～10対、葉先はとがる。葉軸に翼はない。高さ約30m。●北海道渡島半島～九州の山地の谷すじなどに生える落葉高木。別名カワグルミ、フジグルミ。

シナサワグルミ（支那沢胡桃）
花期・5月ごろ
●葉は奇数羽状複葉だが、頂葉がなくなり偶数羽状複葉となることも多い。小葉は5～10対、葉先はとがらない。葉軸に翼がある。高さ約25m。●中国原産の落葉高木。街路樹としてよく植栽される。別名カンポウフウ。

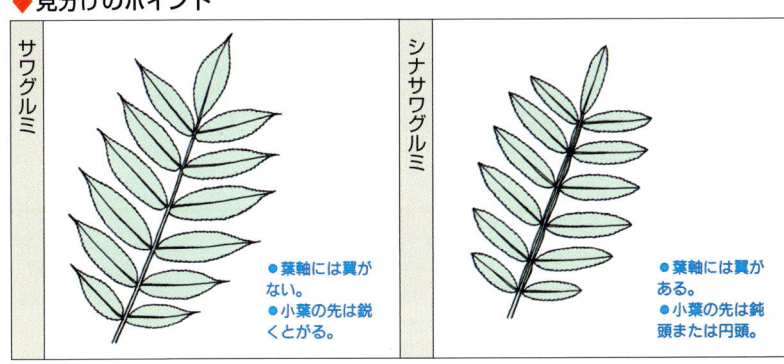

◆見分けのポイント

サワグルミ
●葉軸には翼がない。
●小葉の先は鋭くとがる。

シナサワグルミ
●葉軸には翼がある。
●小葉の先は鈍頭または円頭。

木の情景 シダレヤナギ（枝垂れ柳） 細い枝が長く伸びて垂れ下がり、春の芽吹きのころはとくに美しい。中国原産のヤナギ科の落葉高木（東京都国立市 3.13）

イヌコリヤナギ／コリヤナギ

ヤナギ科

イヌコリヤナギの葉は長楕円形で柄はなし、コリヤナギはずっと細長く短柄あり

イヌコリヤナギ（犬行季柳）
花期・3〜4月
●根もとからよく分枝し叢生する。枝は無毛で細い。葉より早く長さ1.5〜2.5cmの尾状花序をつける。やくは濃紅色。高さ2〜3m。大きいものは高さ6m、直径20cmにもなる。●北海道〜九州の川岸などに生える落葉低木。

コリヤナギ（行季柳）
花期・3〜4月
●叢生する点などイヌコリヤナギと似るが、コリヤナギは葉が細長い。尾状花序は長さ2〜3cm、やくは暗紅紫色。高さ2〜3m。●朝鮮半島原産の落葉低木。水辺で植栽。枝の皮をむき、行季やバスケットに。別名コウリヤナギ。

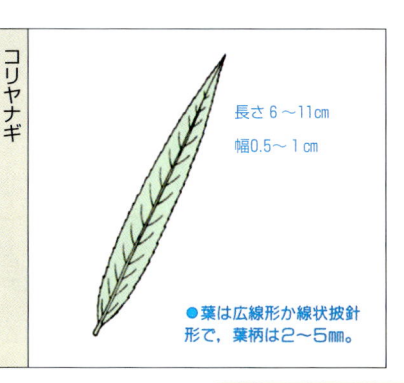

◆ 見分けのポイント

イヌコリヤナギ
長さ3〜8cm
幅0.7〜2cm
●葉は長楕円形〜狭長楕円形で、葉柄はごく短いか、あるいはない。

コリヤナギ
長さ6〜11cm
幅0.5〜1cm
●葉は広線形か線状披針形で、葉柄は2〜5mm。

春の樹木

ネコヤナギ／バッコヤナギ／フリソデヤナギ

ネコヤナギの托葉は半月形、バッコヤナギは腎形、フリソデヤナギは三日月形

ネコヤナギ（猫柳）
花期・3〜4月

●幹の下部からよく分枝する。葉よりも早く白い絹毛の密生した尾状花序(びじょうかじょ)を出す。やくは黄色、紅色、黒色と変化する。高さ0.5〜3m。●北海道〜九州の山野の水辺に生える落葉低木。銀色の花序が美しいので植栽も多い。別名カワヤナギ、エノコロヤナギ。

バッコヤナギ（跋扈柳）
花期・3〜4月

●葉より早く楕円形(だえんけい)の尾状花序を多数つけ、花序に短い柄(え)がある。白い毛を出した花序はよく目立つ。やくは黄色。高さ約10m。●北海道西南部〜近畿地方、四国の丘陵から山地の日当たりのよいところに生える落葉高木。別名ヤマネコヤナギ。

フリソデヤナギ（振袖柳）
花期・3〜4月

●葉より早く長さ4〜7cmの大きな尾状花序をつける。やくは黄色。枝は日の当たる側が赤くなる。高さ2〜4m。●花材用に栽培される落葉低木。冬芽が赤いので花店では赤芽柳(あかめやなぎ)とよぶが、野生種にも別にアカメヤナギがあるので注意。

ヤナギ科

◆見分けのポイント

	花		葉・托葉	
ネコヤナギ	雄しべ　雌しべ	●雄しべ2本が合体し、1本となっている。 ●子房は楕円形で花柱は糸状。柱頭は4裂する。		●長楕円形または披針状長楕円形で、基部はくさび形、托葉は半月形。
バッコヤナギ	雄しべ　雌しべ	●雄しべは2本で花糸は離生。 ●子房は長楕円形、花柱は短く、柱頭は2裂する。		●長楕円形か楕円形で、基部はくさび形～円形、托葉は腎形。
フリソデヤナギ	雄しべ	●雄しべ2本は途中まで合体し上部は分かれている。 ●雌株は最近発見された。		●長楕円形で基部は円形、托葉は三か月形。

木の情景　綿毛を出しているネコヤナギ（東京都御岳(みたけ)渓谷　5.8）

ヤマナラシ／ドロノキ

ヤナギ科

ヤマナラシの葉柄は扁平、ドロノキはまるい棒状

ヤマナラシ（山鳴らし）
花期・3〜5月
●樹皮は灰青色で平滑、老木では縦に裂ける。葉柄は扁平で風にゆらぎやすい。雌花序は黄緑色、雄花序は紅紫色。高さ10〜25m。●北海道〜九州の山地に生える落葉高木。和名は風にゆれる葉音から。別名ハコヤナギ。

ドロノキ（泥の木）
花期・4〜6月
●樹皮は暗灰色で縦に裂ける。葉柄は棒状で葉の表面にへこみがある。雄花序は暗紫緑色で長さ6〜9cm、雌花序は黄緑色。冬芽は粘つく。高さ15〜30m。●東北地方〜近畿地方の山地に生える落葉高木。別名ドロヤナギ、デロ。

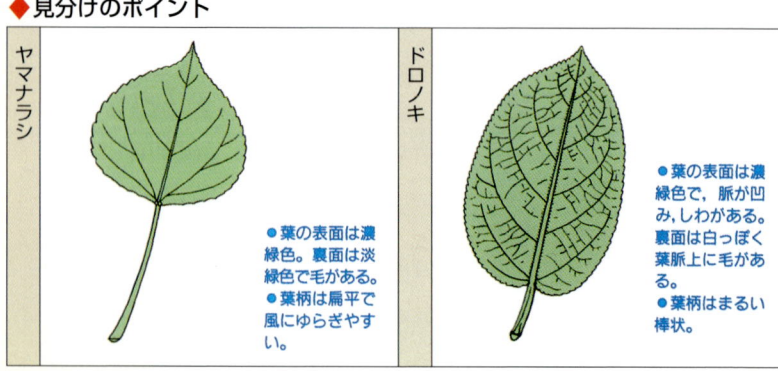

◆見分けのポイント

ヤマナラシ
●葉の表面は濃緑色。裏面は淡緑色で毛がある。
●葉柄は扁平で風にゆらぎやすい。

ドロノキ
●葉の表面は濃緑色で、脈が凹み、しわがある。裏面は白っぽく葉脈上に毛がある。
●葉柄はまるい棒状。

140 春の樹木

シュロ／トウジュロ

ヤシ科

シュロは葉の裂片が折れて垂れ、トウジュロの葉は折れ曲がらない

シュロ（棕櫚）
花期・5～6月
●幹は暗褐色の繊維におおわれる。葉柄は長く葉の裂片が折れて垂れる。肉質の円錐花序につく花は黄白色。果実は黄色から黒に変わる。高さ5～10m。
●九州南部に自生し、広く暖地に植栽される常緑小高木。別名ワジュロ。

トウジュロ（唐棕櫚）
花期・5～6月
●葉はシュロより小さく裂片は折れ曲がらない。葉柄も短い。花は黄緑色で肉質の円錐花序につく。果実は扁球形で帯黄色、のち黒藍色になり白い粉をふき出す。高さ8～10m。●中国南部原産の常緑小高木で暖地に広く植栽。

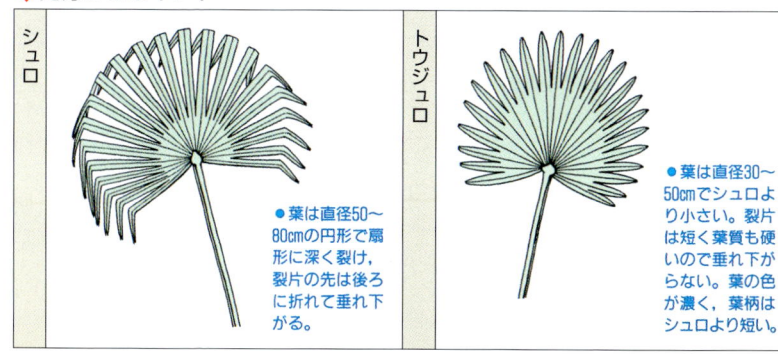

◆見分けのポイント

シュロ
●葉は直径50～80cmの円形で扇形に深く裂け、裂片の先は後ろに折れて垂れ下がる。

トウジュロ
●葉は直径30～50cmでシュロより小さい。裂片は短く葉質も硬いので垂れ下がらない。葉の色が濃く、葉柄はシュロより短い。

春の樹木

モウソウチク／マダケ／ハチク

モウソウチクは節の環が1個、マダケとハチクは環が2個

モウソウチク（孟宗竹）
たけのこ・4月

●日本にあるタケ類の中では最大で、稈の高さ約15m。節の環は1個。たけのこの皮は黒紫褐色で粗毛があり、先端に開出する肩毛がある。葉は小枝の先に2〜8片つき、緑色〜黄緑色。●中国原産の多年生常緑竹。暖地に植栽が多い。たけのこは食用。

マダケ（真竹）
たけのこ・5〜6月

●節の環は2個。葉は小枝の先に5〜6片、掌状につき、質は厚い。たけのこの皮はほとんど無毛で暗紫褐色の斑紋がある。稈の高さ10〜20m。●中国原産説と日本在来の自生種説がある多年生常緑竹。北海道以外の各地で植栽。たけのこは食用。別名ニガタケ。

ハチク（淡竹）
たけのこ・4〜5月

●稈は白い粉をかぶり白緑色に見える。節の環は2個。葉は小枝の先に4〜5片つき、裏面は白っぽい。たけのこの皮はまばらに毛がある。高さ約10m。●各地で植栽され西日本では野生化している多年生常緑竹。たけのこは食用。別名クレタケ、カラタケ。

イネ科

◆**見分けのポイント**

モウソウチク

- 節の環は1個。
- 葉は小枝の先に2～8片つく。細く短く緑色または黄緑色。

↑ハチクのたけのこ　4～5月に出て食用にする。歯ざわり、香りともによい（5.29）

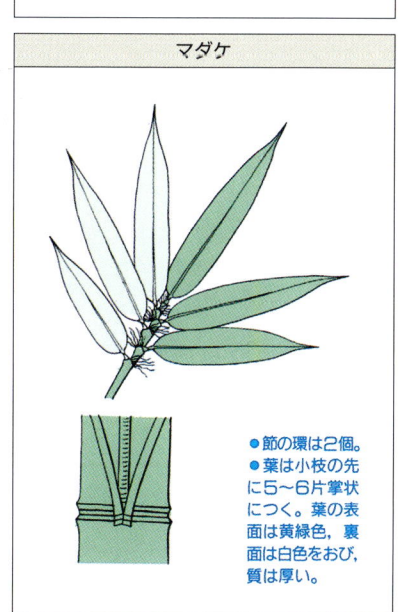

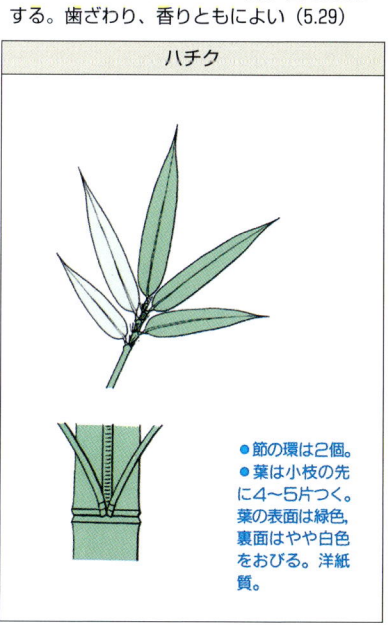

マダケ

- 節の環は2個。
- 葉は小枝の先に5～6片掌状につく。葉の表面は黄緑色、裏面は白色をおび、質は厚い。

ハチク

- 節の環は2個。
- 葉は小枝の先に4～5片つく。葉の表面は緑色、裏面はやや白色をおびる。洋紙質。

春の樹木　143

木の情景　都市の郊外に残るモウソウチク林（東京都八王子市 1.4）

夏の樹木

タニウツギ

ヤブデマリ／ゴマギ／オオデマリ　　スイカズラ科

大きな白い装飾花がつくヤブデマリ、ゴマギの花は小さい両性花のみ

ヤブデマリ（藪手毬）
花期・5～6月

●枝は灰黒色で若枝には軟毛がある。花序は1対の葉のある短枝の先に散形状につき、中央の小さい両性花の周りに、径3～4cmの白い装飾花がとりまく。核果は径5～6mmの楕円形で、赤からのち黒く熟す。高さ2～6m。●関東地方以西、四国、九州の山地の谷沿いなどに生える落葉低木～小高木。和名は藪に生え、まるい花序を手まりに見立てたもの。

ゴマギ（胡麻木）
花期・4～5月

●若枝と葉の裏面に星状毛が密生する。円錐花序は葉が1～2対ある短枝の先につく。花はすべて白色の両性花で、ヤブデマリのような装飾花はない。核果は長さ8mmぐらいの楕円形で、赤から黒に熟す。高さ3～7m。●関東地方以西、四国、九州の山野、川沿いの湿地などに生える落葉低木～小高木。和名は樹皮や葉を傷つけるとゴマのような香りがすることから。

◆見分けのポイント

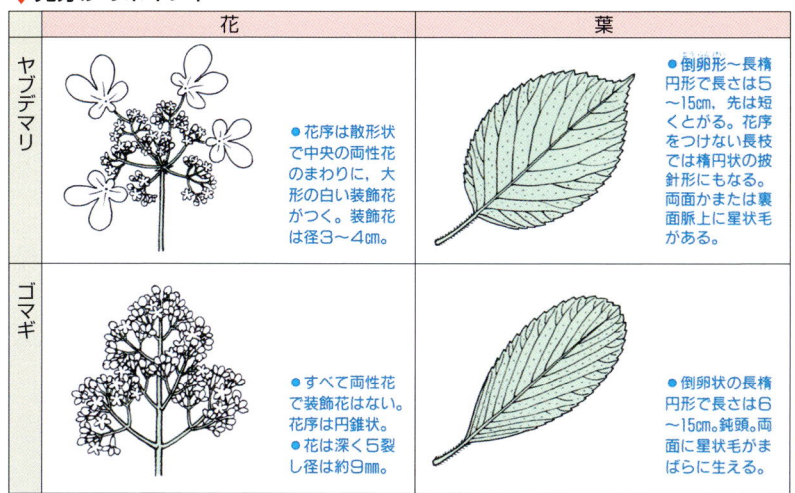

	花	葉
ヤブデマリ	●花序は散形状で中央の両性花のまわりに、大形の白い装飾花がつく。装飾花は径3〜4cm。	●倒卵形〜長楕円形で長さは5〜15cm、先は短くとがる。花序をつけない長枝では楕円状の披針形にもなる。両面かまたは裏面脈上に星状毛がある。
ゴマギ	●すべて両性花で装飾花はない。花序は円錐状。 ●花は深く5裂し径約9mm。	●倒卵状の長楕円形で長さは6〜15cm、鈍頭。両面に星状毛がまばらに生える。

●似ている種類

オオデマリ（大手毬）
花期・4〜5月

●短い枝の先に大形の集散花序をつけ、白花を密集させる。花はすべて装飾花で花冠の裂片はまるい。葉は広楕円形でヤブデマリより側脈が多い。高さ1〜3m。
●本州中部にまれに自生が見られる落葉低木。植栽は多い。別名テマリバナ。

木の情景 ヤブデマリの果実（東京都奥多摩町 7.30）

夏の樹木 147

ハコネウツギ／ニシキウツギ　　スイカズラ科

> ハコネウツギの花は筒の途中で急に太くなり、ニシキウツギの花はなだらか

ハコネウツギ（箱根空木）
花期・5〜6月
- 枝は灰褐色。花はろうと形で筒の基部から中央に向けて急に太くなる。花は白色から紅色に変化。高さ約4m。
- 北海道南部〜九州の海岸付近に生える落葉低木。和名に箱根とつくが分布上は誤り。箱根に本種はない。

ニシキウツギ（二色空木）
花期・5〜6月
- 古い枝は灰黒色で稜が目立つ。花は白色から紅色へ変化。ハコネウツギとは違い、長い花柱が花冠の外へ突き出る。高さ2〜5m。
- 宮城県以南のおもに太平洋側の山地に生える落葉低木。和名のニシキは二色で咲くことから。

◆見分けのポイント

ハコネウツギ
- 花冠の長さは3〜4cm。鐘状ろうと形で先は5裂する。筒部は上半部が急に太くなる。
- 岐散状に2〜8個の花をつける。

ニシキウツギ
- 花冠は長さ約3cm。先が5裂したろうと形で筒部の上半部はしだいに太くなる。
- 散房状に2〜3個の花を開く。

ヒョウタンボク／イボタヒョウタンボク　スイカズラ科

ともにひょうたん形の果実、花と葉を見れば違いは明白

ヒョウタンボク（瓢簞木）
花期・4〜6月／果期・6〜7月
● 花は枝の上部の葉のわきに2個ずつ開き、白色から黄色に変わる。液果は径約8mmの球形で、2個がひょうたん形になり6〜7月に赤く熟す。有毒。高さ1〜2m。● 北海道〜九州の山地に生える落葉低木。別名キンギンボク。

イボタヒョウタンボク（水蠟瓢簞木）
花期・5〜6月／果期・9〜10月
● 花は淡黄色で葉のわきに2個ずつ開く。花は筒形で先が唇形。液果はヒョウタンボクより小さく、径約5mmの球形で、9〜10月に赤く熟す。高さ1〜2m。● 中部地方の山地に生える落葉低木。和名は葉がイボタに似るため。

◆ **見分けのポイント**

ヒョウタンボク 
● 花は白色から黄色に変わる。筒部の先は深く5裂し各裂片はほぼ同形。
● 葉は長楕円形で鈍頭，基部はまるい。長さ2〜6cm。

イボタヒョウタンボク 
● 花は淡黄色で色変わりしない。筒形の先は2裂し唇状，下唇は垂れる。
● 葉は狭い倒卵形で鋭頭，基部はくさび形。長さ1〜5cm。

夏の樹木

木の情景 クチナシ（梔子）　甘い香りを漂わせて庭木に人気の花。和名は果実（円内）が熟しても口を開かないので「口無し」とされる。静岡県以西に分布するアカネ科の常緑低木（6.9）

キササゲ／アメリカキササゲ　　　　ノウゼンカズラ科

> キササゲの花は黄白色に紫色の斑点、アメリカキササゲは白色に黄色のすじ

キササゲ（木大角豆）
花期・6～7月
●枝先の円錐花序に黄白色の花が多数つく。花はろうと形で先は5裂し、裂片の縁はちぢれている。さく果は長さ約30cmで細長い。高さ5～12m。●中国原産の落葉高木。和名は果実がササゲに似ることから。薬用に植栽される。

アメリカキササゲ（アメリカ木大角豆）
花期・5～7月
●葉は裏面に軟毛が密生し、脈のわきに小さなこぶがある。円錐花序にキササゲより大きな白花をつけ、内側に紫褐色と黄色のすじがある。さく果は20～25cmでキササゲより太くて短い。高さ約17m。●北米原産の落葉高木。

◆ **見分けのポイント**

キササゲ
●花は黄白色で暗紫色の斑点が入る。径2.5～3cmでアメリカキササゲより小形。
●葉は広卵形で長さ12～25cm、葉柄は長い。

アメリカキササゲ
●花は白色または乳白色で内側に黄色のすじと紫褐色の点がある。径3～5cm。
●葉は心状卵形で長さ10～20cm。葉柄は長い。

ノウゼンカズラ／アメリカノウゼンカズラ

花がラッパ形に開くノウゼンカズラ、細長いトランペット形はアメリカノウゼンカズラ

ノウゼンカズラ（凌霄花）
花期・7～8月

●花は大きなろうと形で花筒は短い。枝先の円錐花序に濃いオレンジ色の花が対生して咲く。がくは緑色。幹はつる状で長く伸び、節から付着根を出して他の物にからみつく。茎の太いものは直径7～8cmになる。葉は対生し小葉の縁にあらい鋸歯がある。日本ではほとんど結実しない。●中国原産のつる性落葉樹。庭木、公園樹、壁面飾りなどに植えられている。

アメリカノウゼンカズラ（アメリカ凌霄花）
花期・7～9月

●ノウゼンカズラより花の筒部が長く、花色が濃い。がくが赤橙色になるのも特徴。花径は3～4cmでノウゼンカズラより小さい。茎に多数の付着根があり、他物にからみついて高くはいのぼる。葉の色は濃く、裏面の中央脈沿いに軟毛がある。さく果を結び、長楕円形で長さ7～15cm。●北アメリカ中南部原産のつる性落葉樹。観賞用に植栽される。

ノウゼンカズラ科

152 夏の樹木

◆見分けのポイント

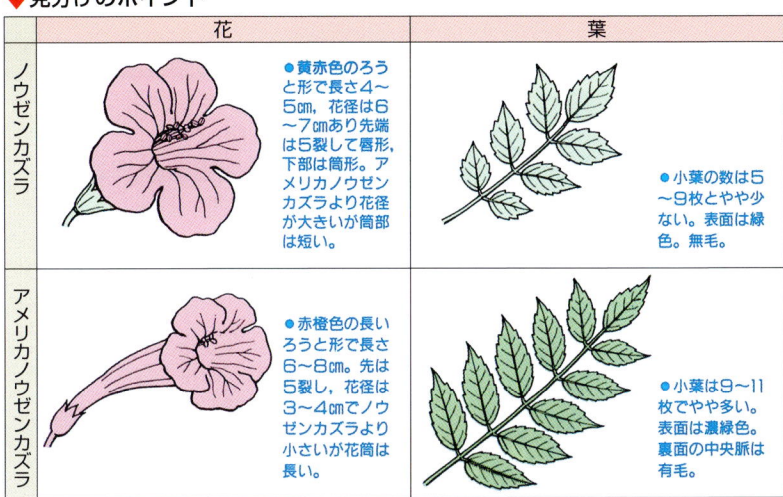

	花	葉
ノウゼンカズラ	●黄赤色のろうと形で長さ4～5cm。花径は6～7cmあり先端は5裂して唇形、下部は筒形。アメリカノウゼンカズラより花径が大きいが筒部は短い。	●小葉の数は5～9枚とやや少ない。表面は緑色。無毛。
アメリカノウゼンカズラ	●赤橙色の長いろうと形で長さ6～8cm。先は5裂し、花径は3～4cmでノウゼンカズラより小さいが花筒は長い。	●小葉は9～11枚でやや多い。表面は濃緑色。裏面の中央脈は有毛。

木の情景　トウジュロに巻きついて花を開いたノウゼンカズラ（東京都八王子市　7.24）

クサギ／ゲンペイクサギ

クマツヅラ科

> クサギは白花で臭気が強く、ゲンペイクサギは濃紅色で無臭

クサギ（臭木）
花期・8〜9月

●樹皮は灰色でよく枝分かれする。若枝、葉、葉柄、花序は有毛。名の通り枝と葉には強い臭気があるが、枝先の花序に香りのよい白花を多数開く。雄しべと雌しべが長く突き出る。果実は球形で10月に光沢をもった藍色に熟し、がく片は平開して紅色の星形になる。高さ3〜6m。●日本各地の山地や原野などに生える落葉低木〜小高木。果実は染料、根は薬用に使われる。

ゲンペイクサギ（源平臭木）
花期・5〜7月

●クサギとは対照的に、全体にほとんど無毛で悪臭もなく、つるを出して伸びるものもある。花は濃紅色でがくは白色。花冠の長さ約2cm。果実は球形で紫緑色に熟す。高さ約4m。●西アフリカ原産のつる性常緑低木。観賞用におもに温室で栽培される。和名は花の赤とがくの白の対比を、源平合戦の源氏と平家の旗の色に見立てたもの。別名ゲンペイカズラ。

◆ 見分けのポイント

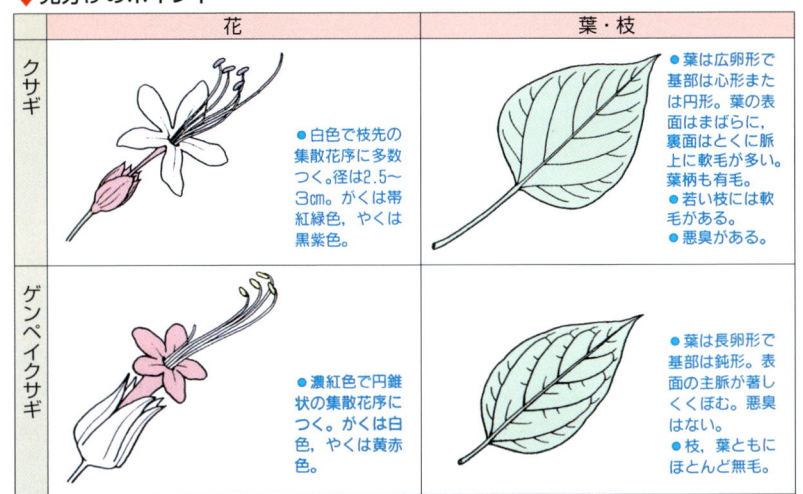

	花	葉・枝
クサギ	白色で枝先の集散花序に多数つく。径は2.5～3cm。がくは帯紅緑色，やくは黒紫色。	●葉は広卵形で基部は心形または円形。葉の表面はまばらに，裏面はとくに脈上に軟毛が多い。葉柄も有毛。 ●若い枝には軟毛がある。 ●悪臭がある。
ゲンペイクサギ	濃紅色で円錐状の集散花序につく。がくは白色，やくは黄赤色。	●葉は長卵形で基部は鈍形。表面の主脈が著しくくぼむ。悪臭はない。 ●枝，葉ともにほとんど無毛。

↓**クサギの果実** 濃い紅色に開いたがくと、藍色の果実の対比が美しい（10.8）。左下の写真は、長い雄しべと雌しべを突き出して咲くクサギの花（8.12）

夏の樹木 155

木の情景 キョウチクトウ（夾竹桃） 真夏の熱射にも大気汚染にも負けずに咲くたくましい木。白花もある。インド〜中近東原産のキョウチクトウ科の常緑低木（静岡県浜名湖 IC 8.9）

フジウツギ／コフジウツギ　　　　フジウツギ科

> フジウツギは四角形の枝に翼があり、コフジウツギはまるい枝で翼はない

フジウツギ（藤空木）
花期・7～9月
●茎は四角形で翼があり、根ぎわから叢生する。枝先に長さ10～30cmの花序を出し、香りのよい紅紫色の花を開く。花冠は長さ約2cmの筒形。高さ60～150cm。●本州（兵庫県以北）、四国の山地に生える落葉低木。有毒植物。

コフジウツギ（小藤空木）
花期・7～10月
●葉の表面を除いて全体に星状毛が多く淡褐色をおびる。枝はまるく翼はない。長さ8～20cmの穂状花序を立てて紅紫色の花をつける。花冠は細長い筒形。高さ60～150cm。●四国、九州、沖縄の草地に生える落葉低木。有毒植物。

◆**見分けのポイント**

フジウツギ
- 枝は四角形で明瞭な翼がある。
- 葉は長楕円形で長さ8～20cm。
- 葉の縁に波状の歯牙がある。

コフジウツギ
- 枝はまるく翼はない。
- 葉は狭卵形で長さ5～15cm。
- 葉の縁はほぼ全縁。

夏の樹木　157

ライラック／ハシドイ

モクセイ科

> ライラックは雄しべと雌しべが花冠より短く、ハシドイは花の外に突き出る

ライラック
花期・4〜6月

●幹は根もとから分枝。長い円錐花序(えんすいかじょ)を出し、香りのよい花を多数開く。花はふつう紫色だが変化が多い。葉は革質(しつ)で光沢(こうたく)がある。高さ4〜7m。●ヨーロッパ東南部原産の落葉低木〜小高木。別名ムラサキハシドイ、リラ。

ハシドイ
花期・6〜7月

●樹皮は灰褐色でサクラに似る。ライラックより大きな花序に多数の白花が開き、芳香(ほうこう)を放つ。雄しべは2本で雌しべよりも長く花の外へ突き出す。高さ10〜12m。●北海道〜九州の山地に生える落葉高木。別名キンツクバネ。

◆ 見分けのポイント

ライラック
- 花は紫色が基本。円錐花序は長さ10〜20cm、ハシドイより小さい。
- 雄しべも雌しべも花の外へ出ない。

ハシドイ
- 花は白色。花序は長さ15〜25cm、ライラックより大きい。
- 雄しべ、雌しべが花の外に突き出る。

ハクウンボク／コハクウンボク

エゴノキ科

ハクウンボクの大形の葉にはわずかな鋸歯、コハクウンボクの鋸歯は大きい

ハクウンボク（白雲木）
花期・5～6月

- 樹皮は暗灰色で、枝は紫褐色。葉は大きな円形～倒卵形で、上部にわずかに鋸歯がある。花穂は10～20cmと長く、白花を15～20個つける。高さ6～15m。
- 北海道～九州の山地に生える落葉小高木～高木。別名オオバヂシャ。

コハクウンボク（小白雲木）
花期・6月

- 樹皮は紅色をおびた褐色。葉はハクウンボクより小さく、大きくふぞろいな鋸歯がある。長さ3～6cmの短い花穂に10個ほどの白花が開く。高さ5～10m。
- 関東以西、四国、九州の山地に生える落葉小高木。別名ヤマヂシャ。

◆見分けのポイント

ハクウンボク 
- 葉は長さ10～20cmの円形～卵円形～倒卵形で大きく、上部の縁にわずかに鋸歯がある。

コハクウンボク 
- 葉はハクウンボクより小さくひし形状円形で長さは5～8cm、縁に大きな不ぞろいの鋸歯があり表面はしわがよる。

夏の樹木

ハイノキ／クロバイ　　　　　　　ハイノキ科

> ハイノキの花は3～6個つき、クロバイはびっしりと10～30個つく

ハイノキ（灰の木）
花期・5～6月
- 樹皮は暗紫褐色。若枝は緑色。葉のわきの花序（かじょ）に白い花がまばらに開く。花冠（かかん）は深く5裂し、裂片と同じ長さの雄しべ多数が目立つ。高さ5～12m。
- 近畿以西、四国、九州の山地に生える常緑小高木～高木。別名イノコシバ。

クロバイ（黒灰）
花期・4～6月
- 樹皮は灰黒褐色。葉の表面は光沢（こうたく）のある黒緑色、裏面は黄緑色。花は白色で10～30個とハイノキより多数つく。高さ5～12m。
- 関東南部～沖縄の山地に生える常緑小高木～高木。木灰は染物の材料。別名ソメシバ、トチシバ。

◆見分けのポイント

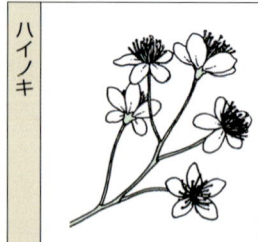

ハイノキ
- 3～6個の花をまばらにやや散房状につける。小花柄は長さ0.8～1.5cm。花は白色で径は約1cm。

クロバイ
- 総状に10～30個の花を密につける。小花柄は長さ0.1～0.3cm。花は白色で径は約0.8cm。

ナツハゼ／ネジキ　　　　　　　　　　ツツジ科

> ナツハゼの花は薄い赤褐色で鐘形、ネジキは白花でつぼ形

ナツハゼ（夏黄櫨）
花期・5〜6月
●葉の縁にこまかい鋸歯ととがった毛がある。本年枝に淡赤褐色で花冠の長さ4〜5mmの鐘形の花を多数つける。液果は径6〜7mmの球形で黒褐色に熟し食べられる。高さ2〜4m。●北海道〜九州の山野に生える落葉低木。

ネジキ（捩木）
花期・5〜6月
●葉は全縁。ナツハゼとは異なり花序は前年枝から出て、白花をつり下げる。高さ4〜5m。●岩手県以南、四国、九州の山地に生える落葉低木〜小高木。和名は樹皮の割れ目がねじれて見えることから。別名カシオシミ。

◆見分けのポイント

ナツハゼ
- ●葉は楕円形または長楕円形〜卵形で縁にこまかい鋸歯と刺毛がある。
- ●本年枝に総状花序を出し、小さな鐘形の花を8〜10個下向きにつける。花は淡赤褐色。腺毛がある。

ネジキ
- ●葉は広卵形〜卵状楕円形で、全縁。縁に毛はない。
- ●前年枝の腋芽から総状花序を出し、ナツハゼより大きなつぼ形の花を9〜13個吊り下げる。花は白色。腺毛はない。

夏の樹木　161

スノキ／ウスノキ

ツツジ科

スノキはがくの筒部がなめらか、ウスノキは角張って五角形に見える

スノキ（酢の木）
花期・5〜6月／果期・7〜9月
●葉は卵状楕円形で、かむと酸味がある。花冠の長さ5〜7㎜の鐘形の花は緑白色に淡赤褐色のすじが入り、先は5裂して反る。高さ1〜2m。●関東以西、四国の山地に生える落葉低木。和名は葉や果実の酸味から。別名コウメ。

ウスノキ（臼の木）
花期・5〜6月／果期・7〜9月
●葉はスノキに似るが酸味は弱い。花は鐘形で緑白色に淡紅色のすじ。がく筒に稜がある。高さ約1m。●北海道〜九州の山地に生える落葉低木。果実は赤く熟し先がへこむ。この形を臼に見立てた和名。別名カクミノスノキ。

◆見分けのポイント

スノキ		ウスノキ	
花とがく	果実	花とがく	果実
●果実は球形で黒く熟す。稜はない。 ●がく筒部に稜はない。		●果実は倒卵形で先がへこみ、赤く熟す。未熟のときは稜が目立つ。 ●がく筒部に稜があり五角形に見える。	

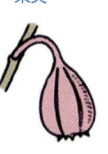

木の情景 レンゲツツジ（蓮華躑躅）　初夏の高原に群生。花や葉に毒性があるのでウシやシカも食べない。北海道南部〜九州に分布するツツジ科の落葉低木（群馬県武尊高原　6.20）

ハクサンシャクナゲ／アズマシャクナゲ　　　ツツジ科

ハクサンシャクナゲの花は白〜淡紅色、アズマシャクナゲは花色がやや濃い

ハクサンシャクナゲ（白山石楠花）
花期・6〜7月

●葉は枝先に集まって輪生状に互生し、長さ6〜15cmの長楕円形。縁はしばしば裏側に巻く。裏面は灰褐色。花も枝先に5〜15個つき横向きに咲く。花冠は白色〜淡紅色のろうと状で広く開き、先は5裂、内側に淡緑色の斑点がある。径は3〜4cm。高さ1〜3m。●北海道〜中部地方、四国（石鎚山）の高山に生える常緑低木。針葉樹林の中に群生することが多い。

アズマシャクナゲ（東石楠花）
花期・5〜6月

●枝先に淡紅色〜紅色の、ろうと形の花が多数集まって咲く。花の形や大きさはハクサンシャクナゲとほぼ同じ。葉は長さ8〜15cm、厚い革質で光沢があり、ハクサンシャクナゲよりも細い。裏面に茶褐色の軟毛が密生する。高さ2〜3m。●長野、静岡県から山形、岩手県までの深山に自生する常緑低木。和名のアズマは本種が東日本に多いことによる。別名シャクナゲ。

◆見分けのポイント

	花	葉
ハクサンシャクナゲ	●白色〜淡紅白色〜淡紅色と花色には変異がある。内側に淡緑色の斑が入り，外側には桃紅色の太い線がある。	●質はやや薄く楕円形〜狭長楕円形で無毛，光沢はあまりない。基部はまるいか浅い心形でやや耳形になるものもある。
アズマシャクナゲ	●淡紅色または紅色。	●質は厚く倒披針形〜狭長楕円形で表面に光沢がある。裏面は茶褐色の毛が多い。基部は広いくさび形。

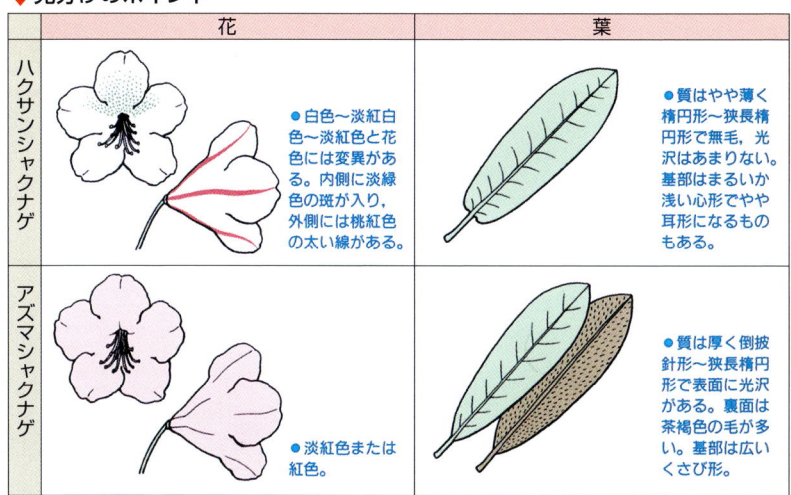

木の情景　樹林内に咲き競うハクサンシャクナゲの群落（富士山5合目　7.19）

アオノツガザクラ／エゾノツガザクラ　　ツツジ科

> アオノツガザクラの花は薄い黄緑色、エゾノツガザクラは紅紫色

アオノツガザクラ（青の栂桜）
花期・5月
●葉は枝の上部に密に互生し、表面の中央部はへこむ。枝先に淡黄緑色でつぼ形の花が4～7個下向きに咲く。がくも花柄も黄緑色。やくは黄色。高さ10～30cm。●北海道～中部地方の高山の草地や岩石地に生える常緑小低木。

エゾノツガザクラ（蝦夷の栂桜）
花期・8月
●葉はアオノツガザクラよりやや短い線形で密に互生。花は紅紫色の卵状つぼ形で花冠の外側に腺毛がある。がくと花柄は紫色をおびる。高さ10～30cm。●北海道の高山、岩木山、早池峰山、月山の湿った草地に生える常緑小低木。

◆見分けのポイント

アオノツガザクラ 
●花は淡黄緑色のつぼ形で長さ6～7mm。花糸に毛はなく、やくは黄色。
●がくは黄緑色で裂片は披針形。白毛がある。
●花柄は黄緑色で微屈毛が密生し腺毛が散生。

エゾノツガザクラ 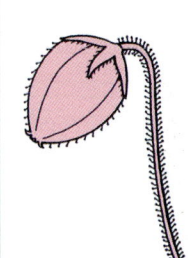
●花は紅紫色の卵状つぼ形で長さ7～10mm。花冠の外面に腺毛がある。花糸の下部に毛があり、やくは紫色。
●がくは紫色をおびた緑色。裂片は披針形でとがり縁に微毛。
●花柄は緑色ですこし紫色をおびる。腺毛密生。

コシアブラ／タカノツメ　　　　　　　　　　　　　　　ウコギ科

> コシアブラは小葉が5枚、タカノツメはふつう3枚

コシアブラ（漉し油）
花期・8月
●幹は直立し樹皮は灰褐色。葉は掌状で互生、小葉は5枚でタカノツメより大きい。花序に長い柄がある。花は緑黄色。果実はやや扁平で黒く熟す。高さ15～20m。●北海道～九州の山地に生える落葉高木。別名ゴンゼツ。

タカノツメ（鷹の爪）
花期・5～6月
●樹皮は黄褐色で滑らか。葉は互生し短枝に集まる。小葉はふつう3枚だが、単葉や2小葉もある。散形花序に黄緑色の5弁花をつける。果実は球形で黒く熟す。高さ約10m。●北海道～九州に分布する落葉高木。別名イモノキ。

◆見分けのポイント

コシアブラ
●葉は掌状複葉で小葉は5枚。小葉は倒卵状楕円形で頂小葉がもっとも大きく長さ10～20cm。縁には刺状の鋸歯がある。
●葉は互生する。

タカノツメ
●ふつう葉は3出複葉だが、まれに単葉、2小葉のものもある。小葉は楕円形でコシアブラより小さく長さ5～12cm。縁に微細な鋸歯があるが全縁状に見える。
●葉は互生だが枝先に集まってつくことが多い。

夏の樹木

メヒルギ/オヒルギ/ヤエヤマヒルギ

葉先がまるいメヒルギ、葉柄が赤いオヒルギ、長い支柱根が多数出るヤエヤマヒルギ

ヒルギ科

メヒルギ（雌漂木、雌蛭木）
花期・6〜8月
●短い支柱根が幹を支える。がく片が花弁より大きく果時まで残る。果実に種子が1個あり、樹上で幼根を長く伸ばして落下する。葉は長楕円形で先はまるい。高さ4〜6m。
●九州南部〜沖縄の浅い海の泥地に生える常緑小高木。別名リュウキュウコウガイ。

オヒルギ（雄漂木、雄蛭木）
花期・6〜8月
●3種のうち本種だけ葉柄が赤みをおび、がくも赤い。花は葉のわきに1個下向きに咲く。幹の下部から短い支柱根を出す。高さ5〜25m。●奄美大島〜沖縄の浅い海の泥地（マングローブ）に生える常緑小高木〜高木。別名ベニガクヒルギ、アカバナヒルギ。

ヤエヤマヒルギ（八重山漂木、八重山蛭木）
花期・8〜9月
●幹の下部や太い枝から上の2種よりはるかに多数の支柱根が弓なりに出る。葉は対生し革質。樹上で発芽した種子から20〜60cmもの幼根が伸びて垂れ下がる。高さ6〜12m。
●沖縄のマングローブに生える常緑小高木〜高木。別名オオバヒルギ、シロバナヒルギ。

◆見分けのポイント

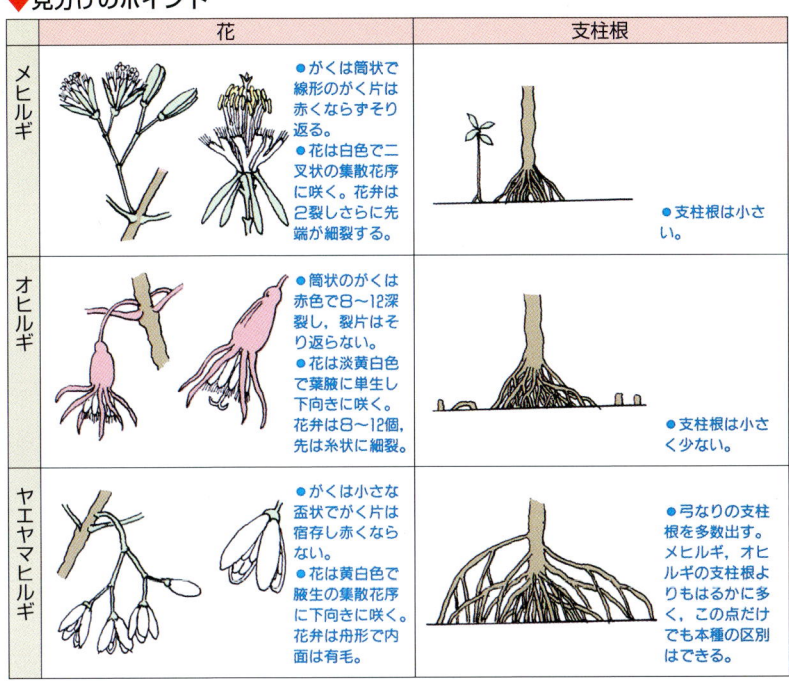

	花		支柱根	
メヒルギ		●がくは筒状で線形のがく片は赤くならずそり返る。 ●花は白色で二叉状の集散花序に咲く。花弁は2裂しさらに先端が細裂する。		●支柱根は小さい。
オヒルギ		●筒状のがくは赤色で8〜12深裂し、裂片はそり返らない。 ●花は淡黄白色で葉腋に単生し下向きに咲く。花弁は8〜12個、先は糸状に細裂。		●支柱根は小さく少ない。
ヤエヤマヒルギ		●がくは小さな盃状でがく片は宿存し赤くならない。 ●花は黄白色で腋生の集散花序に下向きに咲く。花弁は舟形で内面は有毛。		●弓なりの支柱根を多数出す。メヒルギ、オヒルギの支柱根よりもはるかに多く、この点だけでも本種の区別はできる。

[木の情景] ヤエヤマヒルギの支柱根　多数の弓なりの根が幹を支える（沖縄県西表島 4.5）

木の情景 サキシマスオウノキ（先島蘇芳の木）　板のように地上に張り出した根（板根）は大きい。奄美大島、沖縄の海岸近くに生えるアオギリ科の常緑高木（沖縄県西表島　4.2）

サルスベリ／シマサルスベリ　　　ミソハギ科

樹皮がはげ落ちたあとが白いのがサルスベリ、シマサルスベリは灰白色

サルスベリ（百日紅）
花期・7〜9月
●幹はふつう曲がる。樹皮は薄く淡褐色ではげ落ちたあとは白い。円錐花序（えんすいかじょ）に径3〜5cmの花を開く。色は紅色が多いが、白色、紫色もある。葉は楕円形〜卵円形。高さ3〜9m。●中国原産の落葉小高木。別名ヒャクジツコウ。

シマサルスベリ（島百日紅）
花期・7〜8月
●幹はふつう直立。樹皮は赤褐色で薄く、はげ落ちたあとは灰白色。花は白色でサルスベリより小さく径1.5〜2cm。葉先がとがる。高さ約12m。●屋久島、種子島以南、沖縄の山地に生える落葉高木。別名タイワンサルスベリ。

◆見分けのポイント

サルスベリ
●樹皮は薄く淡褐色で、はげおちたあとは白い。
●幹は一般に曲ったり傾斜する。
●葉の先端はとがらず、ほとんど無柄。毛はないかまたは微毛。

シマサルスベリ
●樹皮は薄く赤褐色で、はげおちたあとは全体が灰白色になる。
●幹はふつう直立する。
●葉の先端はとがり2〜3mmの短い柄がある。短毛が生える。

夏の樹木

ナツグミ／アキグミ／ナワシログミ　　　　　　　　　　グミ科

> 初夏に実が熟すナツグミ、秋に熟すアキグミ、ナワシログミは翌春に熟す

ナツグミ（夏茱萸）
花期・4〜5月／果期・5〜6月
●葉は互生し、表面に星状の鱗片（りんぺん）があるが、のちに落ちる。裏面は茶色をおびた銀白色。花は淡黄色で1〜3個が葉のわきから垂れ下がる。果実は5〜6月に熟し食べられる。高さ3〜5m。●関東〜中部地方、四国に自生する落葉低木。

アキグミ（秋茱萸）
花期・4〜5月／果期・10〜11月
●花は黄白色で葉のわきに1〜7個集まってつく。果実はナツグミより小さな球形〜広楕円形（こうだえんけい）で柄は短い（え）。ナツグミより遅く10〜11月に熟す。葉は3種のうちでいちばん細長い。高さ2〜3m。●北海道西南部〜九州の山野に生える落葉低木。

ナワシログミ（苗代茱萸）
花期・10〜11月／果期・翌年5月ごろ
●本種は常緑樹。葉は厚くなめし革質で縁が波打（わ）ち、裏面に褐色と銀色の鱗片が多い。枝先は鋭いとげになる。花は白色。果実は翌年の苗代（しろ）をつくる5月ごろに熟し、食べられる。高さ2〜3m。●関東地方〜九州の海岸近くに生える常緑低木。

◆**見分けのポイント**

ナツグミ	アキグミ	ナワシログミ
●葉は長楕円形。 ●落葉する。	●葉は長楕円状披針。 ●落葉する。	●葉は長楕円形、縁は波打つ。 ●常緑で落葉しない。

172　夏の樹木

ガンピ／コガンピ

ジンチョウゲ科

> ガンピの花は黄色、コガンピは白～淡紅色で花つきがよい

ガンピ（雁皮）
花期・5～6月
●葉は互生し有毛。とくに裏面は灰白色に見える。花は黄色で花弁はなく、がく筒の先が4裂して花弁状になる。高さ1.5～2m。●中部地方以西、四国、九州の山地に生える落葉低木。樹皮は滑らかで、繊維を製紙の原料にする。

コガンピ（小雁皮）
花期・7～8月
●葉はらせん状につき互生。表面は無毛、裏面もわずかなため、ガンピの葉裏のように灰白色にならず淡緑色をしている。短い総状花序に白～淡紅色花をつける。高さ40～60cm。●関東以西、四国、九州の山野に生える落葉小低木。

◆見分けのポイント

ガンピ 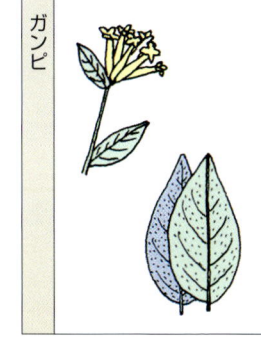
●花は黄色で、頭状花序につく。
●葉は卵形で両面とも有毛。とくに裏面は絹毛が密生し、灰白色になる。

コガンピ 
●花は白色～淡紅色で、短い総状花序につく。
●葉は長楕円形～卵状楕円形で無毛。裏面脈上に少し毛がある。

夏の樹木 173

キンシバイ／ビヨウヤナギ

オトギリソウ科

雄しべが花弁より短いキンシバイ、ビヨウヤナギは花弁より長い

キンシバイ（金糸梅）
花期・6〜7月
●垂れた褐色の枝先に、径3〜4cmの黄色い花を開く。花弁は小さな円形で、雄しべは花弁より短く約60本ずつ5個の束に分かれる。葉は対生し、裏面に油点がある。高さ約1m。●中国原産の半常緑低木。古くから植栽。

ビヨウヤナギ（美容柳、未央柳）
花期・6〜7月
●花はキンシバイより大きい。花弁は倒卵形。雄しべは花弁より長く、よく目立つ。葉は十字対生状につき、細かい油点がある。高さ0.5〜1.5m。●中国原産の半常緑低木。和名の美容柳は花が美しく、葉がヤナギに似るため。

◆**見分けのポイント**

キンシバイ
- ●雄しべは花弁より短く、約60本ずつが五つの束となる。
- ●花径は3〜4cmと小さく、花弁も小さい円形。

ビヨウヤナギ
- ●雄しべは花弁より長く、30〜40本ずつが五つの束となる。
- ●花径は4〜6cmと大きく、花弁も大きな倒卵形。

ヒメシャラ／ナツツバキ

ツバキ科

ヒメシャラは径2cmぐらいの小さい花、ナツツバキは5～7cmと大きい

ヒメシャラ（姫沙羅）
花期・6～7月
●樹皮はなめらかで淡赤黄色または淡赤褐色。葉のわきに径2cmほどの小さな白花をつける。子房は有毛。がくの下に、がくより長い緑色の苞が2枚ある。高さ10～20m。●本州（箱根以西）、四国、九州の山地に生える落葉高木。

ナツツバキ（夏椿）
花期・6～7月
●樹皮は帯紅褐色で薄くはがれる。葉も花もヒメシャラより大きい。花は白色で花弁の縁に細かい鋸歯がある。苞はがくより短い。高さ8～20m。●本州（宮城、新潟県以西）、四国、九州の山地に生える落葉高木。別名シャラノキ。

◆**見分けのポイント**

ヒメシャラ	ナツツバキ
●葉は長卵形～長楕円形。長さ3～8cm。 ●花は径約2cmと小さい。花糸の基部に白毛がある。子房は有毛。	●葉は倒卵形～楕円形。長さ4～12cm。 ●花は径5～7cmとヒメシャラよりかなり大きい。花糸、子房とも無毛。

夏の樹木 175

ムクゲ／フヨウ／ハイビスカス

ムクゲの葉は卵形で柄が短く、フヨウは掌状に浅く裂けて柄が長い

ムクゲ（木槿）
花期・8～9月

●よく枝分かれし、枝は幹にやや平行した形に伸びる。葉は互生し、両面とも有毛。葉のわきや枝の先に大きな花を開くが朝開いて夕方にはしぼむ1日花。花弁は5枚あり基部(きぶ)は合着する。ふつう紅紫色だが、白、底紅(そこべに)、重弁など多様。さく果は卵状円形で径1cm余り。高さ2～4m。●中国原産の落葉低木。各地で植栽され、園芸品種も多い。別名ハチス。

フヨウ（芙蓉）
花期・7～10月

●幹は直立するか根もとから枝分かれする。茎や葉に灰白色の星状毛がある。花はムクゲより大きく、花弁に縦の脈が走る。葉のわきか、まれに枝の先にも開き、1日でしぼむ。葉は掌状(しょうじょう)に浅く3～7裂する。さく果は球形で径約2.5cm。高さ1～4m。●高知県南部、九州南部～沖縄に自生し、伊豆半島、紀伊半島などに野生化している落葉低木。別名キハチス。

アオイ科

夏の樹木

◆ **見分けのポイント**

	花	葉
ム ク ゲ		●卵形〜広卵形でときに3裂する。長さ4〜10cm、幅2〜5cm。やや無毛。 ●葉柄は短く長さ2〜3cm。
フ ヨ ウ	●ムクゲより大きく径は10〜13cm。紅色〜白色。	●掌状の心形で3〜7浅裂する。長さは10〜20cm。 ●葉柄は長く8〜12cm。

花（ムクゲ）: ●フヨウよりやや小さく径は5〜10cm。基本種は紅紫色。

● **似ている種類**

ハイビスカス
花期・7〜10月

●葉は光沢のある濃緑色で、縁にあらい鋸歯がある。花柱と筒状の雄しべが長く花の外に突き出るのが特徴。高さ2〜3m。●インド洋諸島原産とされる常緑低木。暖地で栽培され、さまざまな花色の園芸品種がある。別名ブッソウゲ。

→ムクゲの果実 卵状円形のさく果で、径1cm余り（2.14）

↓フヨウの果実 球形のさく果で、径約2.5cm（2.18）

夏の樹木 177

ハマボウ／オオハマボウ　　　　　　　　　　アオイ科

> ハマボウは花径5cmぐらい、オオハマボウは8～10cmの大きな花

ハマボウ（浜葵）
花期・7～8月

●葉の長さ3.5～7cm、オオハマボウの半分の大きさで、基部は浅い心形。花は枝先の葉のわきにつき、径約5cmで淡黄色の1日花、中心部と柱頭は暗赤色。高さ1～3m。●千葉県以西、四国、九州の海岸に生える落葉低木。

オオハマボウ（大浜葵）
花期・7～8月

●花はハマボウよりかなり大きい。花弁は淡黄色で中心が暗赤色の1日花。葉も長さ6～15cmと大きく、基部は深い心形で、裏面に毛が密生する。高さ約5m。●屋久島、種子島、沖縄の海岸に生える落葉小高木。別名ヤマアサ。

◆見分けのポイント

ハマボウ
- ●花は径5cmぐらいでオオハマボウより小さい。
- ●葉の基部は、円形か浅い心形。

オオハマボウ
- ●花は径8～10cmでハマボウより大きい。
- ●葉の基部は深い心形。

シナノキ／ボダイジュ

シナノキ科

葉の裏全体に毛があるボダイジュ、シナノキは葉脈のわきのみ有毛

シナノキ（科の木、級の木）
花期・6〜7月
●樹皮は灰褐色で縦に裂ける。葉はややゆがんだ心円形で、縁は鋭い鋸歯。花はレモンの香りがする。花序に苞が1個つく。高さ15〜20m。●北海道〜九州の山地の沢沿いに多い落葉高木。樹皮の繊維は布、縄の原料にされた。

ボダイジュ（菩提樹）
花期・6月
●樹皮は帯紫褐色で縦に裂ける。葉はゆがんだ三角状広卵形でシナノキよりやや厚い。葉裏に細かい毛が密生。花は淡黄色。花序に葉状の苞がつく。高さ10〜20m。●中国原産の落葉高木。公園や寺社によく植えられている。

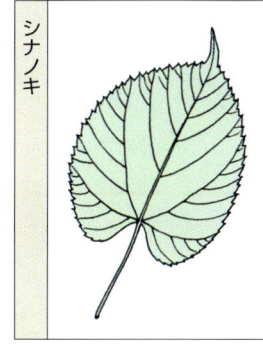

◆見分けのポイント

シナノキ
●若枝は初め淡褐色の軟毛があるがのち無毛。
●葉の裏面の葉脈わきに茶色の毛がある。他は無毛。葉は長さ6〜9cmの心円形。
●果実は径5〜6mmの卵状球形で灰褐色の細毛が密生する。

ボダイジュ
●若枝には灰白色の星状毛が密生する。
●葉の裏面に灰白色の星状毛が密生するが毛はない。葉は長さ6〜10cmのゆがんだ三角状広卵形。
●果実は径7〜8mmの球形で淡褐色毛が密生。

夏の樹木

ホルトノキ／ヤマモモ

ホルトノキ科／ヤマモモ科

ホルトノキは古い葉が赤く色づき、ヤマモモの葉はどれも緑色

ホルトノキ
花期・7～8月／果期・9～10月

●古い葉が赤く色づき、緑の葉の中に混じる。葉は倒披針形～長楕円形。総状花序を出し、白い両性花をつける。果実は長さ約2cmの楕円形で黒青色に熟す。高さ10～15m。●千葉県以西～沖縄に自生する常緑高木。別名モガシ。

ヤマモモ（山桃）
花期・4月／果期・7～8月

●葉はホルトノキとよく似るが、赤い葉が混じることはない。雌雄異株で、雌花の花柱は2つに裂けて赤い。雄花の花穂は黄褐色ときに紅色。高さ20～25m。●千葉県以西、四国、九州に生える常緑高木。果実は赤く熟し食用に。

◆見分けのポイント

ホルトノキ
● 両性花。
● 前年枝の葉のわきから長さ4～8cmの総状花序を出す。花は白。花弁、がく片とも5枚、雄しべは多数あり、雌しべは1個。
● 果実は楕円形で黒青色に熟す。

ヤマモモ
● 雌雄異株。
● 雌花穂は緑色の苞鱗内に1個の花がある。花柱は2裂し赤色。
● 雄花穂は黄褐色で、日当たりのよいところではときに紅色。
● 果実は球形で赤く熟す。

アワブキ／ミヤマホウソ

アワブキ科

葉が大きく側脈が多いアワブキ、ミヤマホウソは小形で側脈も少ない

アワブキ（泡吹）
花期・6～7月
●淡黄白色の花をつけ、花弁5枚のうち3枚は円形で大きく、2枚は線形で小形。果実は径約4㎜の球形で赤く熟す。高さ10～15m。●本州、四国、九州の山地に生える落葉高木。和名は枝を燃やすと切り口から泡を出すから。

ミヤマホウソ（深山柞）
花期・5～6月
●花序は枝先につき、少したわみながら多数の花を垂らす。花は淡黄色。果実は球形で径約2.5㎜、黒紫色に熟す。高さ3～5m。●本州、四国、九州の山地に生える落葉低木。和名は葉がホウソ（コナラ）に似ることから。

◆見分けのポイント

アワブキ
- ●花序は広円錐形で長さ15～25cmと大きく、花は上向きか横向きとなって咲く。
- ●葉は長さ8～25cm、幅5～7cmで大形。洋紙質で側脈は20～27対と多い。鋸歯はこまかい針状。

ミヤマホウソ
- ●花序は狭三角形で長さ10～15cmと小さく、花は下垂して咲く。
- ●葉は長さ6～15cm、幅1～1.5cmと小形。膜質で側脈は7～12対と少ない。鋸歯はあらい。

シンジュ／チャンチン

ニガキ科／センダン科

新葉が緑色のシンジュ、チャンチンは赤く芽吹いてよく目立つ

シンジュ（神樹）
花期・7〜8月

●葉は大形の奇数羽状複葉で互生。小葉は長さ8〜10cmの卵状披針形で6〜12対つく。小葉の基部の両側に1〜2個の鋸歯がある。雌雄異株で緑白色の小さい花を多数つける。果実は長さ4〜5cmで、翼の中央に種子がある。高さ10〜25m。
●中国原産の落葉高木。明治初期に渡来、各地で植栽され野生化も多い。和名は英名の Tree of Heaven の直訳から。別名ニワウルシ。

チャンチン（香椿）
花期・6〜7月

●シンジュの新葉は緑色だが、本種の芽吹きは赤〜赤黄色でよく目立つ（右ページ写真）。葉は奇数羽状複葉で、シンジュより小さく、小葉に鋸歯はない。小葉は長楕円形で長さ8〜10cm。花は白色5弁の両性花で、大きな円錐状花序につき、独特のにおいがある。果実は5裂し、種子に翼がある。高さ15〜20m。●中国原産の落葉高木。新葉が美しいのでよく植栽される。

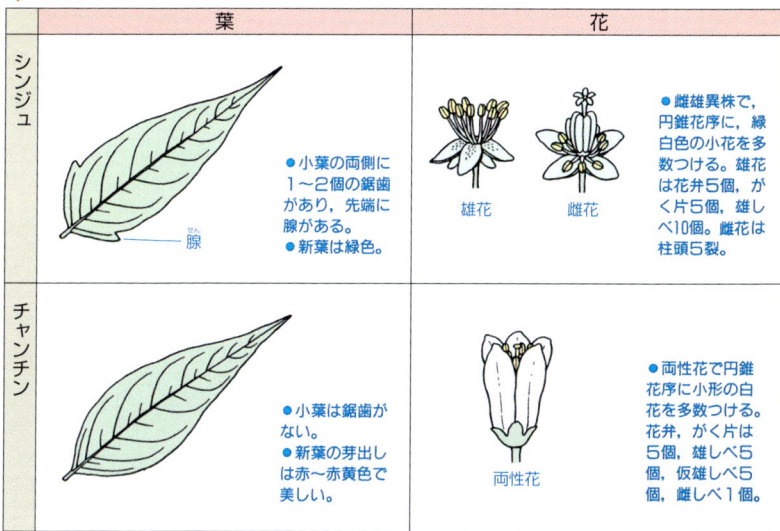

◆見分けのポイント

	葉	花
シンジュ	腺／●小葉の両側に1～2個の鋸歯があり、先端に腺がある。●新葉は緑色。	雄花 雌花／●雌雄異株で、円錐花序に、緑白色の小花を多数つける。雄花は花弁5個、がく片5個、雄しべ10個。雌花は柱頭5裂。
チャンチン	●小葉は鋸歯がない。●新葉の芽出しは赤～赤黄色で美しい。	両性花／●両性花で円錐花序に小形の白花を多数つける。花弁、がく片は5個、雄しべ5個、仮雄しべ5個、雌しべ1個。

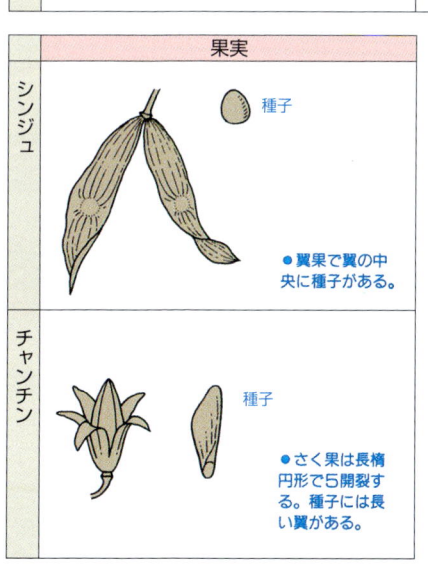

	果実
シンジュ	種子／●翼果で翼の中央に種子がある。
チャンチン	種子／●さく果は長楕円形で5開裂する。種子には長い翼がある。

→チャンチンの芽吹き　赤い新芽が美しい（5.2）

夏の樹木　183

[木の情景] ネムノキ（合歓の木）　夏の夕方、色鮮やかな紅白の雄しべ（円内）が風にゆれてすがすがしい。葉は夜閉じる。山地や川岸に生えるマメ科の落葉高木（熊本県阿蘇　7.29）

フジキ／ユクノキ

マメ科

> フジキは葉の裏が淡緑色、ユクノキは粉白色

フジキ（藤木）
花期・6～7月
●幹は直立し樹皮は灰白色。葉は羽状複葉で互生し、小葉も互生。総状花序に長さ約1.5cmの白色の蝶形花を開く。豆果は広線形で翼があり無毛。高さ10～15m。●福島県以南～九州の山地に生える落葉高木。別名ヤマエンジュ。

ユクノキ（雪木）
花期・6～7月
●若枝には褐色の綿毛があり、小葉の裏面は粉白色になる。花はフジキより半月遅い。豆果は線形で翼はない。高さ15～20m。●関東以西、四国、九州の山地に生える落葉高木。和名は秩父地方の方言名から。別名ミヤマフジキ。

◆見分けのポイント

フジキ 葉の裏面
●小葉の裏面はやや淡緑色。小葉は8～13個あり質はやや厚く卵状長楕円形で長さ4～10cm。葉の長さは20～30cm。

ユクノキ 葉の裏面
●小葉の裏面は粉白色。小葉は9～11個あり質はやや薄く、長楕円形で長さ5～11cm。葉は長さ15～30cm。

ノイバラ／テリハノイバラ／ヤマテリハノイバラ

ノイバラは茎が立ち、テリハノイバラは低く地をはう

ノイバラ（野薔薇）
花期・5～6月

●茎は直立し、鋭いとげが多い。白色～淡紅色の香りのよい5弁花を円錐状につける。径2～3cm。花柱は無毛。葉の表面に光沢はない。托葉はくしの歯状に裂ける。高さ1.5～2m。●北海道～九州の山野に生える落葉低木。園芸バラの接ぎ木の台木にする。

テリハノイバラ（照葉野薔薇）
花期・6～7月

●ノイバラの茎は立つが、本種は地をはう。花はノイバラより大きく、白色～淡紅色の5弁花で径約3cm。花柱に毛が密生。葉の表面に光沢があり、質はかたい。托葉に細かい鋸歯。高さ20～50cm。●本州～沖縄の山野に生える落葉低木。別名ハイノイバラ。

ヤマテリハノイバラ（山照葉野薔薇）
花期・5～6月

●茎は他の木によりかかって立つ。白色の5弁花は径約3cm。花柱に毛が密生。葉の表面にやや光沢がある。上の2種と異なり、本種の托葉に鋸歯はない。高さ1～2.5m。●愛知県以東～関東地方の山地に生える落葉低木。別名オオフジイバラ、アズマイバラ。

バラ科

夏の樹木

◆見分けのポイント

ノイバラ

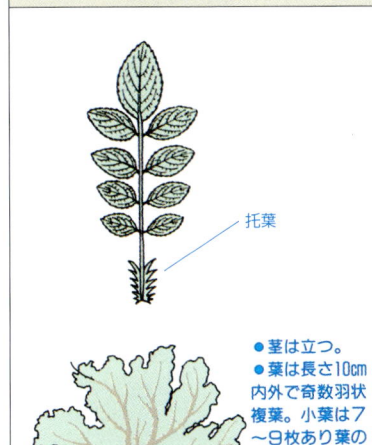

托葉

- 茎は立つ。
- 葉は長さ10cm内外で奇数羽状複葉。小葉は7～9枚あり葉の表面に光沢はない。両面とも有毛。

木の情景 赤い果実をつけたテリハノイバラ（東京都羽村市 10.23）

テリハノイバラ

托葉

- 茎は長く地をはう。
- 葉は長さ4～7cmの奇数羽状複葉。小葉は5～9枚で、表面に光沢がある。両面とも無毛。

ヤマテリハノイバラ

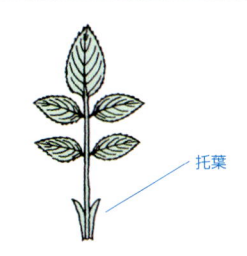

托葉

- 茎は立つが、他のものによりかかってのびる。
- 葉は長さ5～8cmの奇数羽状複葉、小葉は5～7枚あり頂小葉が大きい。葉の表面にやや光沢があり、両面とも無毛。

夏の樹木 187

木の情景 ハマナス（浜梨）　北国の浜辺に夏の訪れを告げるバラ科の落葉低木。ふつうは砂地に群生するが、断崖に根を張るものもある。円内は花（北海道利尻島　6.26）

サンショウバラ／イザヨイバラ　　バラ科

> サンショウバラの花は一重で淡紅色、イザヨイバラは八重咲きでやや色が濃い

サンショウバラ（山椒薔薇）
花期・6月
●バラの仲間で小高木は本種だけ。枝に平たいとげが多い。花は淡紅色の5弁花。果実は球形でとげがある。高さ1～6m。●神奈川、山梨、静岡県の山地に生える落葉低木～小高木。和名は葉やとげがサンショウに似るから。

イザヨイバラ（十六夜薔薇）
花期・5～6月
●幹は半直立し高さ1～2mと低い。サンショウバラに似ているが、花は八重咲きで淡紅紫色。全体が無毛。サンショウバラと異なり結実しない。●中国原産の落葉低木。観賞用に栽培。和名は花の一部が欠けることが多いから。

◆見分けのポイント

サンショウバラ
●花は淡紅色で花弁は5枚。径4～6cm。
●小葉4～9対で縁に鋭い鋸歯。両面に毛がまばらに生え、裏面の中脈、葉軸に短い軟毛が密生。

イザヨイバラ
●花は淡紅紫色で八重咲。花の一部が欠けることが多い。
●小葉の裏面は無毛。

夏の樹木

シモツケ／ホザキシモツケ バラ科

シモツケは花序が半円形、ホザキシモツケは穂状の花序

シモツケ（下野）
花期・6〜8月
- 株立状でよく枝分かれする。枝先の半円形の花序に淡紅色や紅色、白色の小さい花を多数つける。高さ0.2〜1m。
- 本州、四国、九州の草地などに多い落葉低木。和名は下野の国（栃木県）で調べられたことから。別名キシモツケ。

ホザキシモツケ（穂咲下野）
花期・6〜8月
- 株立状で直立し、地下茎でふえる。穂状の円錐花序をつくり、淡紅色の小さい花を多数つける。高さ1〜2m。
- 北海道、日光、霧ケ峰などの日当たりのよい湿地に生える落葉低木。別名アカヌマシモツケ。

◆ 見分けのポイント

シモツケ
- 径3〜10cmの複散房花序で、径4〜6mmの花を多数つける。花は淡紅色ときに紅色または白色。
- 葉は長楕円形〜広披針形で長さ2.5〜9.5cm、幅2〜3cm。互生し、縁に重鋸歯。

ホザキシモツケ
- 長さ6〜15cmの円錐花序に、径3.5〜4mmの淡紅色の花を多数つける。
- 葉は楕円状の披針形で長さ6〜10cm、幅1.5〜2cm。先がとがる。互生し、縁に鋭鋸歯。

ミヤマザクラ／タカネザクラ

バラ科

ミヤマザクラは白い花が上向きに咲き、タカネザクラは淡紅色で横向きに咲く

ミヤマザクラ（深山桜）
花期・5～6月
●樹皮は紫褐色で皮目は横に長い。葉は互生し倒卵状楕円形。4～10個の白い5弁花を総状に上向きに開く。花軸に葉状の苞がある。果実は球形で紅紫色に熟す。高さ約15m。●北海道～九州の深山に生える落葉高木。

タカネザクラ（高嶺桜）
花期・5～7月
●紅紫色の若葉と同時にミヤマザクラより大きな淡紅色の5弁花を散形状につけるが、花軸に苞はない。果実は球形で黒く熟す。高さ0.5～5m。●北海道～近畿地方、四国の深山～高山に生える落葉低木。別名ミネザクラ。

◆見分けのポイント

ミヤマザクラ
●長さ4～8cmの総状花序に4～10個の花を上向きに平開する。花は白色で径15～20mm。
●葉の両面に毛があり、葉柄に褐色毛が密生。縁に二重の鋸歯。蜜腺は基部近くにある。

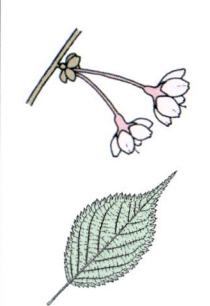

タカネザクラ
●径約2cmの小輪の花を散形状に2～3個開く。花は平開しない。がく筒は長い鐘形、無毛で紅紫色。
●葉の両面、葉柄ともに無毛。蜜腺は基部から中部にかけて2～4個ある。

夏の樹木 191

ニガイチゴ／ミヤマニガイチゴ　　　　　　バラ科

> ニガイチゴの葉は浅く裂け、ミヤマニガイチゴは深く裂けて果実がやや大きい

ニガイチゴ（苦苺）
花期・4～5月／果期・6～8月
●短い枝の先に1個の花が上向きに咲く。茎にとげが多い。果実は径約1cm。高さ30～90cm。●本州、四国、九州の山野の林の縁などに生える落葉小低木。和名は果実の液汁は甘いが種子が苦いことに由来。別名ゴガツイチゴ。

ミヤマニガイチゴ（深山苦苺）
花期・6～7月／果期・7～9月
●ニガイチゴより葉が大形で先がとがり、花茎も長く、先端に1～3個の白花を開く。茎のとげは少ない。果実は径1～1.5cmの球形で赤く熟す。高さ30～90cm。●東北～近畿地方の海抜1500m以上の山地に生える落葉小低木。

◆見分けのポイント

ニガイチゴ 
●葉は広卵形。ふつう浅く3裂するが、しない葉もある。長さ2～4cm。
●花径約2～2.5cm。ミヤマニガイチゴより花弁の幅が狭い。花弁は5枚で白色。

ミヤマニガイチゴ 
●葉は長卵形で葉先がとがる。ふつう深く3裂する。長さ4～10cm。
●花径2～2.5cm。ニガイチゴより花弁の幅が広い。花弁は5枚で白色。

クサイチゴ／バライチゴ

バラ科

クサイチゴの小葉は3枚か5枚、バライチゴは7枚つく

クサイチゴ（草苺）
花期・4～5月／果期・5～7月
●葉は奇数羽状複葉で小葉は3枚、ときに5枚。枝先に径3～4cmの白い5弁花が1～2個つく。がく筒、茎は有毛でとげがある。果実は1～1.5cmの球形で食べられる。高さ20～60cm。●本州、四国、九州の山野に生える落葉小低木。

バライチゴ（薔薇苺）
花期・6～7月／果期・8～10月
●葉は奇数羽状複葉で小葉は7枚。茎は角ばりとげがある。枝先に径約4cmの白花を開く。がく筒と茎は無毛。果実は径約1.5cm。高さ20～45cm。●中部地方以西、四国、九州の山地に生える落葉小低木。別名ミヤマイチゴ。

◆見分けのポイント

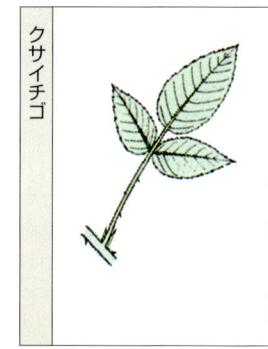

クサイチゴ
●小葉は多くは3枚ときに5枚あり卵形～卵状長楕円形。鋭頭。両面に軟毛があり、葉軸と中肋には軟毛のほかに腺毛ととげがある。

バライチゴ
●小葉は7枚で披針形、鋭尖頭。表面にのみ伏軟毛があり、裏面中肋にはとげがある。

夏の樹木

トベラ／シャリンバイ／マルバシャリンバイ　　　トベラ科／バラ科

トベラは葉に鋸歯がなく先がまるい、シャリンバイは鈍い鋸歯で鈍頭

トベラ（扉、海桐花）
花期・4〜6月

●葉は枝の上部に集まってつき、やや光沢があって厚く、鋸歯はない。枝や葉、根に臭気がある。花は白色から黄色に変わり、香りがある。果実（さく果）は球形で3つに裂け、赤い種子を出す。雌雄異株。高さ2〜7m。●岩手、石川県以南〜沖縄に自生し、植栽も多い常緑低木〜小高木。和名は節分に枝を扉にはさみ疫鬼を防ぐ風習から。別名トビラノキ。

シャリンバイ（車輪梅）
花期・5月ごろ

●葉は枝先に集まって互生するが、車輪状に見える。葉はトベラに似るが上部に鈍い鋸歯がある。枝先に円錐状の花序を出し、白い5弁花を開く。果実は球形で黒色に熟す。高さ2〜6m。●山口県、四国、九州の海岸に自生する常緑低木〜小高木。和名は葉のつき方を車輪に、花形をウメに見立てたもの。樹皮は大島紬の染料に使われる。別名タチシャリンバイ。

◆見分けのポイント

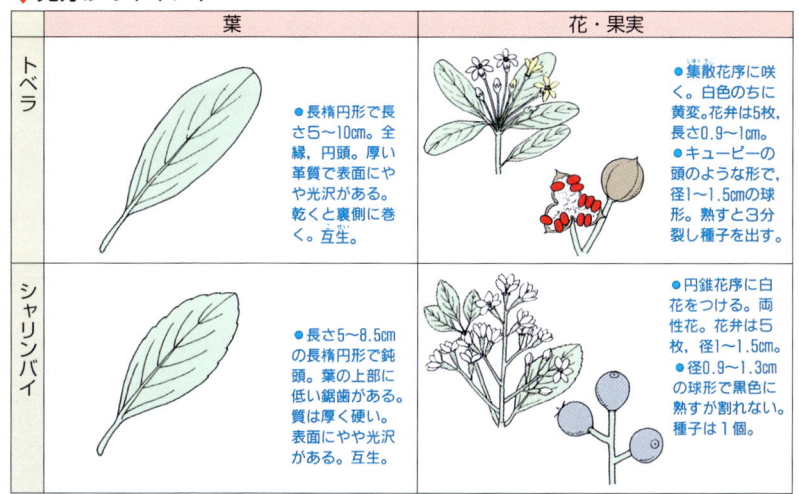

	葉	花・果実
トベラ	●長楕円形で長さ5～10cm。全縁、円頭。厚い革質で表面にやや光沢がある。乾くと裏側に巻く。互生。	●集散花序に咲く。白色のちに黄変。花弁は5枚、長さ0.9～1cm。●キューピーの頭のような形で、径1～1.5cmの球形。熟すと3分裂し種子を出す。
シャリンバイ	●長さ5～8.5cmの長楕円形で鈍頭。葉の上部に低い鋸歯がある。質は厚く硬い。表面にやや光沢がある。互生。	●円錐花序に白花をつける。両性花。花弁は5枚、径1～1.5cm。●径0.9～1.3cmの球形で黒色に熟すが割れない。種子は1個。

●似ている種類

マルバシャリンバイ（丸葉車輪梅）
花期・5月

●シャリンバイの葉は長楕円形だが、本種はまるみがあり、卵形または広楕円形で長さ3～6cm。花は白色の5弁花。高さ1～2m。●山形県以南～沖縄の沿海地に自生する常緑低木。公園や街路樹の根もとなどに植えられている。

↓トベラの果実　径1～1.5cm。熟すと3分裂し赤い種子を出す（12.23）

夏の樹木　195

コゴメウツギ／カナウツギ　　　　　　　　　　　　　　　　バラ科

> コゴメウツギの葉は羽状に裂けて小形、カナウツギは大きな葉が3～5裂

コゴメウツギ（小米空木）
花期・5月
●茎は株立状、枝は灰白色で細く、若枝に軟毛がある。葉は卵形で羽状に浅く裂け、両面とも有毛。短い花序に白い小さな花を開く。雄しべは約10本。托葉は披針形。高さ1～1.5m。●北海道～九州の山野に生える落葉低木。

カナウツギ（梅木空木）
花期・6月
●茎は株立状で枝は赤褐色。葉は広卵形で浅く3～5裂しコゴメウツギより大きい。縁に重鋸歯がある。花は白の5弁花で雄しべは約20本。托葉は長卵形。高さ1～2m。●東北地方～静岡県、奈良県の山地に生える落葉低木。

◆見分けのポイント

コゴメウツギ
●葉は長さ2～5cmの卵形で長鋭尖頭、縁は羽状に浅～中裂する。両面とも軟毛が生える。葉柄の長さ3～7mm。

カナウツギ
●葉は長さ5～11cmの広卵形で急鋭尖頭、3～5浅～中裂する。縁に二重鋸歯がある。表面は無毛。葉柄は長さ1.2～1.7cm。

イワガラミ／ゴトウヅル

ユキノシタ科

イワガラミの白い装飾花はがく片1枚、ゴトウヅルはふつう4枚

イワガラミ（岩絡み）
花期・5～7月
●気根を出して岩や木にはいのぼる。葉の表面によく白緑色の斑点が入る。散房花序の中心に、小形の両性花を多数開き、縁にがく片1枚の白い装飾花をつける。花柱は1個。●北海道～九州の山地に生えるつる性落葉樹。

ゴトウヅル
花期・6～7月
●樹皮は褐色で薄くはがれる。葉は緑色で斑点は入らず、縁に鋭い細鋸歯がある。花序の縁につく装飾花はふつう4枚のがく片。花柱は2～3個。●北海道～九州の山地に生えるつる性落葉樹。別名ツルアジサイ、ツルデマリ。

◆見分けのポイント

イワガラミ
●葉は長さ5～10cmの広卵形で縁に大きくあらい鋸歯がある。しばしば表面に白緑色の斑点がある。
●装飾花は花弁状のがく片1枚からなる。

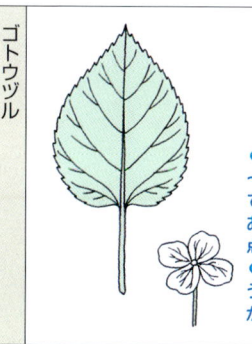

ゴトウヅル
●葉は長さ5.5～10cmの卵円形で縁に細鋸歯がある。表面に斑点はない。
●装飾花はふつう4枚のがく片からなる。

ガクアジサイ／ヤマアジサイ／エゾアジサイ／タマアジサイ／アマチャ

海岸に多いガクアジサイは花も葉も大形、山中のヤマアジサイは小ぶりで葉が細長い

ユキノシタ科

ガクアジサイ（萼紫陽花）
花期・6〜7月

●幹は叢生し、よく枝分かれする。葉は対生し、大形で質は厚く、縁は鈍い鋸歯、表面に光沢がある。枝先に多数の小さな両性花と、縁に装飾花をつける。装飾花はがく片が4〜5枚。両性花は結実し、倒卵形で先に花柱が残る。高さ1.5〜2m。
●房総半島、三浦半島、伊豆諸島、和歌山県神島、足摺岬などの海岸に自生する落葉低木。園芸種のアジサイの母種。

ヤマアジサイ（山紫陽花）
花期・6〜8月

●花序の大きさはガクアジサイとほぼ同じだが、装飾花は径2〜3cmと小さく、がく片は3〜5枚ある。花色には変化が多い。葉もやや小さめの長楕円形で質は薄い。両面とも毛がまばらにある。茎は株立状で葉は対生。果実は倒卵形のさく果。高さ1〜2m。●関東地方以西の太平洋側、四国、九州の山地の湿った林内に生える落葉低木。別名サワアジサイ。

◆見分けのポイント

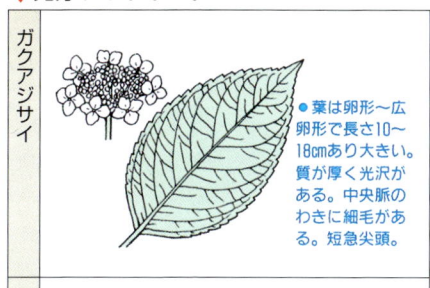

ガクアジサイ		●葉は卵形〜広卵形で長さ10〜18cmあり大きい。質が厚く光沢がある。中央脈のわきに細毛がある。短急尖頭。
ヤマアジサイ	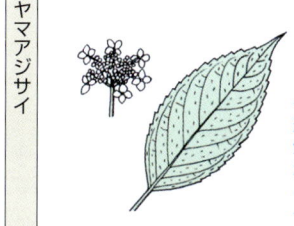	●葉は長さ6.5〜13cmの長楕円形でやや小さい。質はやや薄く光沢はない。両面とも毛が散生する。長鋭尖頭。

タマアジサイ（玉紫陽花）
花期・8〜9月

●花序のつぼみがまるくて目立つのですぐに識別できる。●福島県〜中部地方、四国、九州に分布する落葉低木。

●似ている種類

エゾアジサイ（蝦夷紫陽花）
花期・6〜8月

●葉はヤマアジサイより大きな広楕円形で鋭尖頭。装飾花は鮮やかな青紫色が多い。●北海道〜九州の日本海側に分布する落葉低木。

アマチャ（甘茶）
花期・6〜7月

●葉が赤紫色をおびるのが特徴。装飾花の先端はまるい。●まれに自生し多くは栽培される落葉小低木。葉から甘茶をつくる。

夏の樹木　199

[木の情景] **アジサイ** 日本で生まれた園芸品種でガクアジサイの両性花が装飾花に変わったもの。雨にぬれると色つやが増す。ユキノシタ科の落葉低木（東京都日野市高幡不動 6.22）

エゾスグリ／トガスグリ　　　ユキノシタ科

葉が浅く裂けるエゾスグリ、トガスグリはかなり深く裂ける

エゾスグリ（蝦夷酸塊）
花期・6～7月／果期・7～8月
●幹は立ち、枝はやや太く外皮は短冊形にはげる。葉は大形の円状腎形で浅く5裂する。花は紫紅色で6～20個が総状(そうじょう)につく。果実は球形の液果(えきか)で腺毛(せんもう)はない。高さ1～1.5m。●北海道～東北地方の山地に生える落葉低木。

トガスグリ
花期・5～6月／果期・8月
●幹の下部は地をはい、上部は立ち上がる。葉はエゾスグリよりやや小形の円状腎形でかなり深く裂ける。花は淡黄緑色～紫紅色。果実に腺毛が密生。高さ30～80cm。●北海道～中部地方、四国の深山に生える落葉小低木。

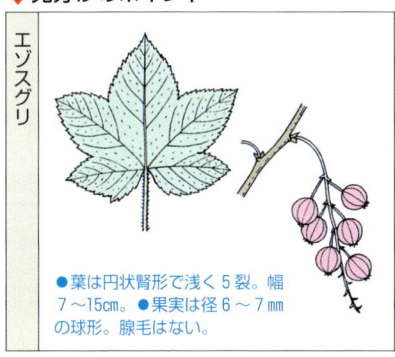

◆見分けのポイント

エゾスグリ
●葉は円状腎形で浅く5裂。幅7～15cm。●果実は径6～7mmの球形。腺毛はない。

トガスグリ
●葉は円状腎形で掌状に深く5～7裂。幅4.5～11cm。●果実は径7～8mmの球形。腺毛が密生する。

夏の樹木

ヤブサンザシ／セイヨウスグリ　　ユキノシタ科

葉が大きく果実が秋に熟すヤブサンザシ、セイヨウスグリの果実は夏に熟す

ヤブサンザシ（藪山櫨子）
花期・4月／果期・10～11月

●幹はよく枝分かれし、樹皮は縦にはげる。花は黄緑色で径約8㎜、葉のわきにふつう2～4個がつく。果実は径7～8㎜。高さ約1m。●本州、四国、九州の山野にまれに自生する落葉低木。別名キヒヨドリジョウゴ。

セイヨウスグリ（西洋酸塊）
花期・5～6月／果期・8月

●幹は叢生。葉はヤブサンザシより小さく、葉のわきにとげがある。花は淡緑色で1～3個つく。果実は径約1.5cmで食用。高さ約1m。●ユーラシア大陸、北アフリカ原産の落葉低木。別名マルスグリ、グーズベリー。

◆見分けのポイント

ヤブサンザシ
- 葉は長さ3～4㎝の卵状楕円形で掌状に5浅～中裂し、縁に欠刻状の鋸歯がある。
- 葉腋の下にとげはない。
- 果実は球形で赤く熟す。

セイヨウスグリ
- 葉は径約2㎝の円形で3～5裂する。裂片は倒卵形で縁にあらい鋸歯がある。
- 葉腋の下に大形のとげがある。
- 果実は球形で短毛ときに腺毛があり黄緑色に熟す。

[木の情景] **タイサンボク（泰山木）** どっしりとした樹形と芳香を放つ大きな白花で庭や公園によく植えられている。北アメリカ原産のモクレン科の常緑高木（東京都八王子市 6.3）

木の情景 ホオノキ（朴の木）　日本の野生植物では最大の花をつける木。花径は約15cm、葉も特大。北海道〜九州の山野に自生するモクレン科の落葉高木（東京都奥多摩町 5.16）

秋の樹木

ゴンズイ

ガマズミ／コバノガマズミ／ミヤマガマズミ／オトコヨウゾメ

有毛の葉が大形のガマズミ、小形のコバノガマズミ、無毛の大きい葉はミヤマガマズミ

スイカズラ科

ガマズミ（莢蒾）
花期・5～6月／果期・9～11月
●葉は対生し両面に星状毛が多い。1対の葉のある短枝の先に径約5mmの白花をつける。花序は径10～15cm。果実は9～10月に赤く熟す。高さ2～4m。●北海道～九州の山野に生える落葉低木。果実は食べられる。別名ヨソゾメ、ヨツヅミ。

コバノガマズミ（小葉の莢蒾）
花期・4～5月／果期・9～11月
●ガマズミより小さな葉で両面に星状毛、基部に托葉がある。ガマズミに似た径約5mmの白花を散房花序に多数つけるが、花序は径3～8cmと小さい。果実は9～11月に赤く熟す。高さ2～4m。●福島県以南、四国、九州の山野に生える落葉低木。

ミヤマガマズミ（深山莢蒾）
花期・5～6月／果期・9～11月
●上の2種とは異なり、若枝や葉の表面に毛はほとんどない。対生する葉はガマズミによく似ているが、やや細長く多少光沢がある。花も果実もガマズミより大きい。果実は9～11月に赤く熟す。高さ2～3m。●北海道～九州の山地に生える落葉低木。

◆見分けのポイント

	葉	核果
ガマズミ	●対生。両面に星状毛がある。広卵形か円形で長さは6～15cmと大きい。葉柄はコバノガマズミより長く、0.7～1.6cm。	●卵状楕円形でやや平たく、長さ5～5.5mmでコバノガマズミより短い。
コバノガマズミ	●対生。両面に星状毛がある。長卵形～卵状長楕円形で長さ4～10cmと小さく、他の2種より細長い。葉柄は長さ2～4mmで短い。	●卵状円形で長さは6～7mmでガマズミより長い。
ミヤマガマズミ	●対生。表面ほとんど無毛、裏面脈上にすこし有毛。広倒卵形～倒状円形で大きさはガマズミとほぼ同じだが一般に細長い。葉柄は長い。	●卵状円形で長さ6～8mmでガマズミより長いが数は少ない。

●似ている種類

オトコヨウゾメ
花期・5～6月／果期・9～11月
●左の3種の花は大部分が上向きにつくが、本種は花序ごと垂れて咲く。高さ約2m。●本州、四国、九州の山野に生える落葉低木。

↓ミヤマガマズミの花　花冠は径6～8mmで先が5つに裂ける（6.29）

ムラサキシキブ/ヤブムラサキ/コムラサキ

ムラサキシキブは果実のがく片が5裂、ヤブムラサキとコムラサキは4裂

ムラサキシキブ（紫式部）
花期・6月／果期・10～11月
●葉のわきから花序を出し、淡紫色の花を多数開く。果実は10～11月に紫色に熟し、がく片は5裂。高さ2～3m。
●日本各地の山野に自生する落葉低木。観賞用に植栽する。和名は果実の色から作家の紫式部を連想したもの。別名ミムラサキ、コメゴメ。

ヤブムラサキ（藪紫）
花期・6～7月／果期・10～11月
●全体に毛が多く、とくに葉の裏面は星状毛が密生する。若枝の星状毛はのち無毛となる。葉のわきに淡紫色の花が数個つく。果実は紫色で、ムラサキシキブよりやや大きいが数は少ない。高さ2～3m。
●宮城県以南、四国、九州の明るい林内に生える落葉低木。

コムラサキ（小紫）
花期・7～8月／果期・10～11月
●ムラサキシキブより全体に小形で枝は細く紫色。葉は対生し、縁の上半部に鋸歯がある。上の2種と異なり花序が葉のわきよりやや上につく。花は淡紫色。果実は紫色に熟す。高さ1～1.5m。●本州～沖縄の山野の湿地に生える落葉低木。別名コシキブ。

クマツヅラ科

◆見分けのポイント

	花・果実	葉・茎
ムラサキシキブ	●葉柄のつけ根に花序が出る。無毛。 ●果実は径3〜3.5mmの球形でコムラサキよりやや大きい。がくは小さく5裂する。	●葉は対生。楕円形〜長楕円形で成葉は両面ともほぼ無毛。長さは6〜13cmでコムラサキより大きい。 ●茎はまるい。
ヤブムラサキ	●花序は葉柄のわきに接してつく。有毛。 ●果実は径4〜5mmでムラサキシキブより大。がくは大きく果実の半分を包む。4裂し密毛あり。	●葉は対生。長楕円形〜卵状楕円形で表面は単純短毛、裏面には星状軟毛が密生。大きさはムラサキシキブとほぼ同じ。 ●茎はまるい。
コムラサキ	●花序は葉柄のわきからやや離れてつく。無毛。 ●果実は径約3mmでムラサキシキブよりやや小さい。がくは浅く4裂する。	●葉は対生で倒卵状楕円形。長さは3〜7cmでムラサキシキブより小さい。若葉には星状毛がある。 ●茎は紫色ですこし稜の出ることがある。

↓ムラサキシキブの花（6.8）　　↓ヤブムラサキの花（6.9）

秋の樹木　209

木の情景 ↑**クコ**（枸杞）　庭木や生け垣で見かけるが、観賞用より葉や果実の食用で親しまれる。花は淡紫色。果実は長さ2cm弱の楕円形。各地の野原や河原などに自生するナス科の落葉低木（東京都八王子市　11.4）

←**ヒイラギ**（柊）　葉の縁にとげ状にとがった大きな鋸歯（きょし）がある。葉を楽しんだり、魔よけの木として植栽は多い。節分に小枝を門口にさす風習が各地に残る。老木の葉は全縁（えん）。晩秋、芳香（ほうこう）のある白花を開く。福島県～沖縄の山地に生えるモクセイ科の常緑小高木（東京都高尾山　11.6）

ネズミモチ／トウネズミモチ　　　　　　　　モクセイ科

果実が楕円形のネズミモチ、トウネズミモチの果実はほぼ球形

ネズミモチ（鼠黐）
花期・5～6月／果期・10～12月
●幹は灰色で、葉は厚く光沢があり対生。円錐花序に白花を多数つける。果実は楕円形で黒紫色に熟す。高さ6～8m。●関東地方～沖縄の山地に生える常緑小高木。和名は果実がネズミのフンに似ることから。別名タマツバキ。

トウネズミモチ（唐鼠黐）
花期・6～7月／果期・10～12月
●ネズミモチより大木となり葉も花序も大きい。ネズミモチの葉は光にかざしても葉脈が見えないが、本種では明瞭。果実はほぼ球形で径0.8～1cm、紫黒色に熟す。高さ10～15m。●中国原産の常緑高木で明治初期に渡来した。

◆見分けのポイント

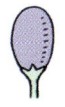

ネズミモチ
●葉は長さ4～7cmで小さい。光にかざしてみても葉脈はあまり明瞭ではない。
●果肉をつぶすと指が紫黒色に染まる。

トウネズミモチ
●葉は長さ6～12cmと大きい。光にかざしてみると葉脈がはっきり見える。
●果肉をつぶしても指は染まらない。

秋の樹木

キンモクセイ／ギンモクセイ／ウスギモクセイ／ヒイラギモクセイ

キンモクセイの花は橙黄色、ギンモクセイは白色、ウスギモクセイは淡黄白色

モクセイ科

キンモクセイ（金木犀）
花期・9～10月

●葉は対生し、幅はギンモクセイより狭く、鋸歯が少ない。葉のわきに橙黄色の小さい花を多数つけ、強い香りを放つ。雌雄異株。日本ではまれにしか結実しない。高さ4～6m。
●中国原産の常緑低木～小高木でギンモクセイの変種。植栽は多い。

ギンモクセイ（銀木犀）
花期・9～10月

●花は白色で香りがよい。葉は対生でキンモクセイより幅が広く、細かい鋸歯が多い。雌雄異株だが、日本には雄株しかないので結実しない。中国の桂州には雌株があり結実する。高さ4～5m。●中国原産の常緑低木～小高木。日本各地で植栽される。

ウスギモクセイ（薄黄木犀）
花期・9～10月

●花は淡黄白色でやや大きく香りは弱い。二期咲きの性質があり9～10月以外にもぽつぽつ開花する。葉は対生。果実は楕円形で黒紫色に熟す。高さ4～5m。●中国、インド原産の常緑低木～小高木。植栽は西日本に多い。別名シキザキモクセイ。

212 秋の樹木

◆見分けのポイント

	花	葉
キンモクセイ	●橙黄色で芳香が強い。径約5mmでウスギモクセイより小さい。	●縁に細鋸歯があるかまたは全縁。質はギンモクセイよりやや薄く波打つ。長楕円形〜楕円状披針形で幅は他の2種よりやや狭い。
ギンモクセイ	●白色で芳香が強い。径4〜5mmでウスギモクセイより小さい。	●縁にキンモクセイより鋭い鋸歯がある。ときに全縁。質はキンモクセイより厚い。長楕円形〜狭長楕円形で幅は他の2種よりやや広い。
ウスギモクセイ	●淡黄白色で芳香はキンモクセイよりやや弱い。2期咲きの性質があり9〜10月以外にも開花する。径約6mmで他の2種よりやや大きい。	●全縁または多少細鋸歯がある。質は薄く波打つ。長楕円形〜狭楕円形でギンモクセイよりやや幅が狭く、キンモクセイよりやや広い。

●似ている種類

ヒイラギモクセイ（柊木犀）
花期・9〜10月

●葉はヒイラギに似て、縁にとげ状のあらい鋸歯がある。ギンモクセイとヒイラギの雑種。高さ4〜7m。●中国原産の常緑小高木。

木の情景 ウスギモクセイの見事な樹形（静岡県三島大社 11.10）

サワフタギ／タンナサワフタギ　　　ハイノキ科

> サワフタギは葉の鋸歯が細かく、タンナサワフタギはあらくて鋭い

サワフタギ（沢蓋木）
花期・5～6月／果期・9～11月
●葉は互生し鋸歯は低く細かい。長さ3～6cmの円錐花序に白色の小さい花をつける。核果はゆがんだ球形で藍色に熟す。高さ4～6m。●北海道～九州の山野に生える落葉低木～小高木。別名ルリミノウシコロシ。

タンナサワフタギ（耽羅沢蓋木）
花期・6月／果期・9～11月
●葉はサワフタギより幅が広く、鋸歯があらい。円錐花序に白色の小さい花がつく。核果はゆがんだ球形で、藍黒色に熟す。高さ3～5m。●関東以西、四国、九州の山地に生える落葉低木。和名は発見地、済州島の古名。

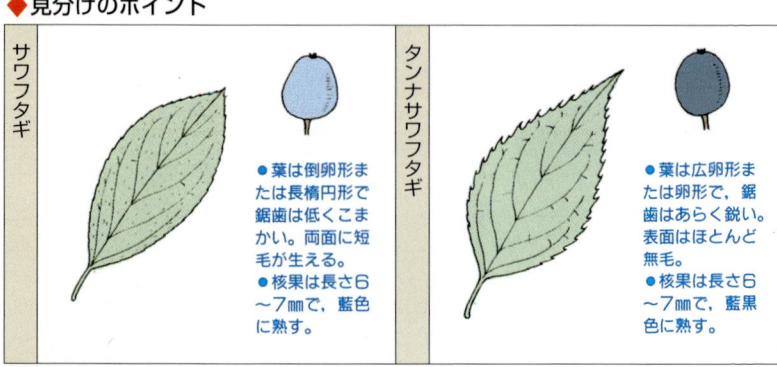

◆見分けのポイント

サワフタギ
●葉は倒卵形または長楕円形で鋸歯は低くこまかい。両面に短毛が生える。
●核果は長さ6～7mmで、藍色に熟す。

タンナサワフタギ
●葉は広卵形または卵形で、鋸歯はあらく鋭い。表面はほとんど無毛。
●核果は長さ6～7mmで、藍黒色に熟す。

クロマメノキ／クロウスゴ

ツツジ科

クロマメノキの果実は先がまるく、クロウスゴは環状に浅くへこむ

クロマメノキ（黒豆の木）
花期・6〜7月／果期・8〜9月
●葉は互生し前年枝に長さ5〜6mmのつぼ形の花を1〜2個つける。花は白色〜淡紅色。液果は藍黒色。高さ0.1〜1m。●北海道〜中部地方の高山に生える落葉小低木。和名は果実を黒豆と見て。果実は食用。別名アサマブドウ。

クロウスゴ（黒臼子）
花期・6〜7月／果期・8〜9月
●葉は互生し裏面は淡緑白色。本年枝の葉のわきに、やや紅色をおびた白花をつける。花冠は長さ約5mmのつぼ形。液果は先がへこむ。高さ0.3〜1.2m。●北海道〜中部地方の高山に生える落葉低木。和名は果実の形から。食用。

◆見分けのポイント

クロマメノキ
●葉は倒卵形〜楕円形で網状脈が目立つ。
●花冠はつぼ形で白色〜淡紅色のぼかし。
●液果は球形で先はへこまない。

クロウスゴ
●葉は広楕円形〜広卵形で網状脈はない。
●花冠はつぼ形で白色にやや紅色がかる。
●液果は球形で先が環状に浅くへこむ。

秋の樹木

コケモモ／ツルコケモモ

ツツジ科

コケモモは花も果実も総状に数個つき、ツルコケモモは1個ずつつく

コケモモ（苔桃）
花期・6〜7月／果期・9〜10月

●よく枝分かれした枝に曲がった毛が密生する。葉は互生し、光沢のある厚い革質で倒卵状の長楕円形、長さ0.6〜2cm、裏面は淡緑色で小黒点が点在する。枝先に総状花序を出し、紅色をおびた白色の花を下向きに開く。花冠は筒状鐘形で先は4裂。液果は秋に赤く熟す。高さ10〜15cm。●北海道〜九州の亜高山や高山帯に生える常緑小低木。果実は食べられる。

ツルコケモモ（蔓苔桃）
花期・7〜8月／果期・9〜10月

●茎は細い針金状で横にはい、毛はない。葉は互生しコケモモより小さく、裏面は粉白色になる。枝先にコケモモより長い2.5〜5cmの花茎を伸ばし、淡紅色の花を1個ずつ下向きにつける。花冠は深く4裂し、裂片は著しく反曲する。液果はコケモモより大きい球形で、秋に赤く熟す。高さ5〜20cm。●北海道〜中部地方の高層湿原に生える常緑小低木。果実は食べられる。

◆見分けのポイント

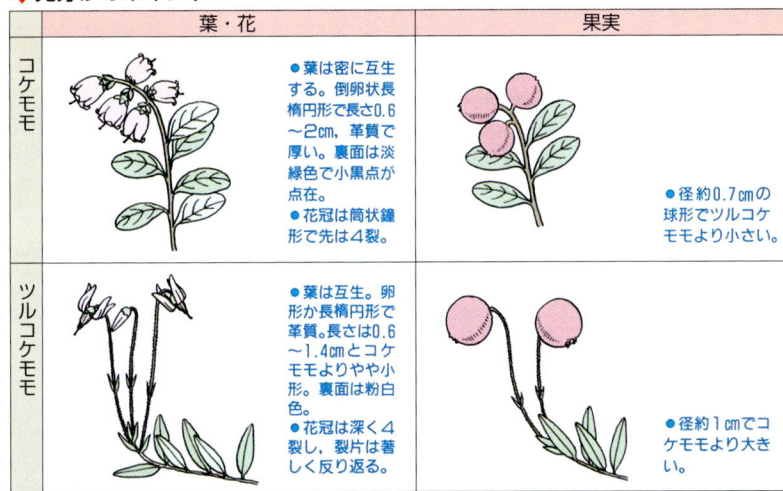

	葉・花	果実
コケモモ	●葉は密に互生する。倒卵状長楕円形で長さ0.6〜2cm、革質で厚い。裏面は淡緑色で小黒点が点在。 ●花冠は筒状鐘形で先は4裂。	●径約0.7cmの球形でツルコケモモより小さい。
ツルコケモモ	●葉は互生。卵形か長楕円形で革質、長さは0.6〜1.4cmとコケモモよりやや小形。裏面は粉白色。 ●花冠は深く4裂し、裂片は著しく反り返る。	●径約1cmでコケモモより大きい。

↓ツルコケモモの花

木の情景 コケモモの群落（富士山5合目 7.2）

秋の樹木 217

アオキ／ヒメアオキ　　　　　　　　　　　　ミズキ科

> アオキの葉柄と葉裏には毛がなく、ヒメアオキには毛がある

アオキ（青木）
花期・3〜5月／果期・12〜5月
●枝は太く緑色をおびる。葉は対生し厚くて光沢があり、葉柄と裏に毛はない。雌雄異株で円錐花序に紫褐色の4弁花をつける。果実は赤く熟す。高さ2〜3m。●宮城県〜沖縄の山地に生える常緑低木。和名は枝の色から。

ヒメアオキ（姫青木）
花期・4月／果期・1〜5月
●アオキと異なり若枝、葉柄、葉裏に微毛がある。アオキより全体に小形。雌雄異株で円錐花序に紫褐色の4弁花をつけ、雄花は多数、雌花は少数。果実は赤く熟す。高さ2〜3m。●北海道、本州の日本海側の山地に生える常緑低木。

◆ 見分けのポイント

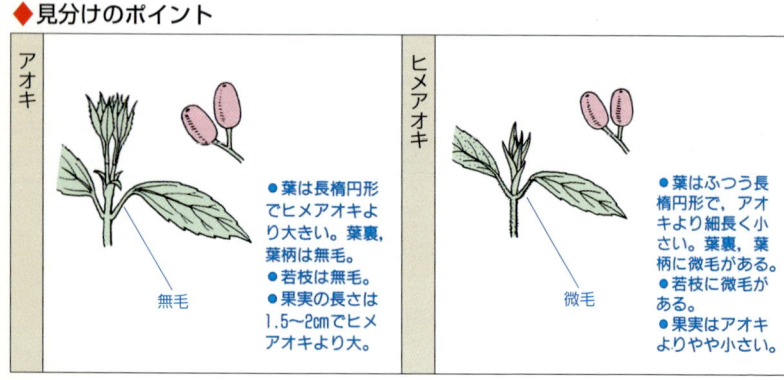

アオキ
●葉は長楕円形でヒメアオキより大きい。葉裏、葉柄は無毛。
●若枝は無毛。
●果実の長さは1.5〜2cmでヒメアオキより大。
（無毛）

ヒメアオキ
●葉はふつう長楕円形で、アオキより細長く小さい。葉裏、葉柄に微毛がある。
●若枝に微毛がある。
●果実はアオキよりやや小さい。
（微毛）

木の情景 ザクロ（石榴）　厚い果皮が赤く熟すと割れて、おいしい赤い種子が現れる。円内は花。西アジア原産の落葉小高木。食用と観賞用に植栽（東京都八王子市　11.7）

ヤツデ/カクレミノ

ヤツデの葉は大形で深く7～11裂し、カクレミノの葉は小形で3～5裂、古木の葉は裂けない

ウコギ科

ヤツデ（八手）
花期・10～12月

●茎はふつう株立状。葉は深く掌状に切れこみ、枝先に輪生状に集まって互生する。花は白色、径約5mmの5弁花で球状に集まる。高さ3～5m。

●東北地方南部以西～沖縄の沿海地の林内に自生する常緑低木。人家にもよく植えられている。和名は掌状にたくさん裂けることを八で表したものだが、裂片は8個とは限らない。別名テングノハウチワ。

カクレミノ（隠蓑）
花期・6～7月

●幹は直立。葉は互生するが枝先では輪生。ヤツデより小形の葉は広卵形で、若木では5裂、成木になると3裂の葉と、裂けない葉が混じる。枝先の散形花序に淡黄緑色の小さい花を多数つける。花茎4～5mmで花弁は5個ある。高さ9～15m。

●福島県以西～沖縄の沿海地に生える常緑小高木～高木。植栽も多い。和名は葉を身を隠すのにたとえたもの。

◆見分けのポイント

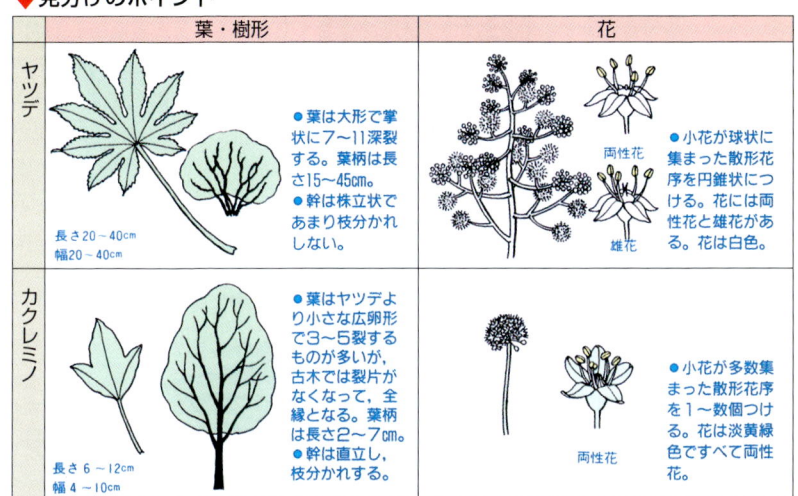

	葉・樹形		花	
ヤツデ	長さ20〜40cm 幅20〜40cm	●葉は大形で掌状に7〜11深裂する。葉柄は長さ15〜45cm。●幹は株立状であまり枝分かれしない。	両性花 / 雄花	●小花が球状に集まった散形花序を円錐状につける。花には両性花と雄花がある。花は白色。
カクレミノ	長さ6〜12cm 幅4〜10cm	●葉はヤツデより小さな広卵形で3〜5裂するものが多いが、古木では裂片がなくなって、全縁となる。葉柄は長さ2〜7cm。●幹は直立し、枝分かれする。	両性花	●小花が多数集まった散形花序を1〜数個つける。花は淡黄緑色ですべて両性花。

[木の情景] 海辺の常緑樹林内でたくましく生きる野生のヤツデ（千葉県館山市沖ノ島 12.4）

マタタビ／ミヤママタタビ／サルナシ

開花時に枝先の葉が白くなるマタタビ、ミヤママタタビは赤みをおび、サルナシはいつも緑

マタタビ科

マタビ（木天蓼）
花期・6〜7月／果期・9〜10月

● 葉は互生し質は薄い。花時に枝先の葉が白くなって目立つ。花は径約2cmの5弁花で香りがよい。果実の先はとがり、よく虫えいができる。若枝に淡褐色の毛がある。● 北海道〜九州の山地に生えるつる性落葉樹。果実は塩漬け、果実酒、薬用。ネコの大好物。

ミヤママタタビ（深山木天蓼）
花期・5〜7月／果期・8〜9月

● 葉は互生し花時に白色、のちに赤みをおびる。花は白色の5弁花で、径約1.5cmとマタタビよりやや小さい。雌雄異株でまれに両性花がつく。果実の先はあまりとがらない。若枝に褐色毛がある。● 北海道〜中部地方の深山に生えるつる性落葉樹。

サルナシ（猿梨）
花期・5〜7月／果期・10〜11月

● 葉は互生し緑色で花時にも白くならない。表面に光沢があり裏面は淡緑色。花は白色で径約2cm。果実の先はとがらない。若枝は無毛で、つるにイボ状の葉痕がある。● 北海道〜九州の山地に生えるつる性落葉樹。果実は食用。別名シラクチヅル、コクワ。

秋の樹木

◆見分けのポイント

	葉		花・果実	
マタタビ		●開花時に上部の葉の上半部または全部が白くなる。卵形または広卵形で、急鋭尖頭。		●花は雌花、雄花、両性花がある。葉のわきに1〜3個が下向きに咲く。 ●果実は長楕円形で先はとがる。
ミヤマ マタタビ		●開花時は白色でのち赤みをおびる。卵形〜倒卵形〜長楕円形で先は短く鋭尖頭。基部はしばしば心形でときに円形。縁に不規則な鋸歯がある。		●雌花と雄花、まれに両性花がある。雄花は集散花序に1〜3個、雌花は葉のわきに1個。 ●果実は長楕円形でマタタビよりやや小さい。
サルナシ		●上記2種と異なり開花時も緑色。楕円形〜広楕円形で先はとがり縁にとげ状の鋸歯がある。はじめ剛毛があるがのち裏面の基部のみ有毛。		●雌雄異株または雌雄混株。葉のわきの集散花序に雄花は3〜7個つき、雌花は1個つく。 ●果実は楕円形〜球形で先はとがらない。

↓マタタビの花（7.3）　　↓ミヤママタタビ　花時に葉が赤みをおびる（7.12）

秋の樹木　223

ヤブドウ／エビヅル／ノブドウ／サンカクヅル

ヤマブドウの葉は五角形で浅い鋸歯、エビヅルは心円形で3〜5裂する

ヤマブドウ（山葡萄）
花期・5〜6月／果期・9〜10月

●葉に対生して巻きひげを出す。葉は互生し、3種の中で最大で秋に紅葉する。円錐花序に黄緑色の小さい花が多数つく。5枚の花弁は先が合着し下部は離れる。果実は液果で9〜10月に熟す。房になり食用。●北海道、本州、四国の山地に生えるつる性落葉樹。

エビヅル（海老蔓）
花期・6〜8月／果期・9〜11月

●ヤマブドウより全体に小さい。葉は互生し心円形で3〜5裂。花は淡黄緑色で5枚の花弁は先が合着。果実は液果で房になり食用。●本州、四国、九州に自生するつる性落葉樹。和名は若い葉と茎の毛をエビの色に見立てたもの。果汁の色はえび色とよばれる。

ノブドウ（野葡萄）
花期・7〜8月／果期・9〜11月

●葉は互生し、各葉ごとに対生して巻きひげが出る点が本種の特徴。集散花序に淡緑色の小さい花が多数つく。果実は青色や紫色に熟し、虫が寄生して虫えいになっていることが多い。花弁の先は合着しない。●日本各地の山野に生えるつる性落葉樹。

ブドウ科

秋の樹木

◆見分けのポイント

	葉・巻きひげ	果実・花序
ヤマブドウ	●葉の裏面は褐色毛が密生し赤褐色。葉身は5角状の心状円形で基部は心形。●巻きひげは葉と対生し、1節ついて1節つかない。	●果実は径約8mmの球形で大きい。黒紫色に熟す。●花序には巻きひげがつく。両性花で円錐花序。
エビヅル	●葉の裏面には白色〜淡褐色毛が密生。ヤマブドウよりやや小さな心状円形で3〜5裂する。●巻きひげは葉と対生し2節ついて1節つかない。	●果実はヤマブドウより小さく径約5mm。黒く熟す。●花序に巻きひげがつく。雌雄異株で円錐花序。
ノブドウ	●葉の裏面の脈上にまばらに毛がある。エビヅルと同じかやや小形で掌状に3〜5裂する。基部は心形。●各節ごとに巻きひげが出る。	●果実は径6〜8mmとやや大きく青色や紫色に熟すが食べられない。●花序に巻きひげはつかない。両性花で集散花序。

●似ている種類

サンカクヅル（三角蔓）
花期・5〜6月／果期・10〜11月
●葉は三角状卵形でノブドウより小さく、巻きひげは葉と対生。花序に巻きひげはつかない。果実は黒く熟す。●つる性落葉樹。

木の情景 ヤマブドウの紅葉（北海道支笏湖 10.15）

クロツバラ／クロウメモドキ　　　　　クロウメモドキ科

クロツバラは小枝が紫褐色で葉が大きい、クロウメモドキは小枝が白っぽく葉は小形

クロツバラ
花期・5～6月／果期・10月ごろ

●小枝は紫褐色。葉は対生し短枝の先では輪生状。花は黄緑色で雌花1～3個、雄花1～18個ずつ束生。雌雄異株。果実は黒熟。高さ2～8m。●中部地方～東北地方の山地に生える落葉低木～小高木。別名オオクロウメモドキ。

クロウメモドキ（黒梅擬）
花期・4～5月／果期・10月ごろ

●小枝は灰白色。葉はクロツバラより小さく対生、小枝では輪生する。花は束生し、淡黄緑色、径約4mmで花弁とがく片は4個。雌雄異株。果実は黒く熟す。高さ2～6m。●本州、四国、九州の山地に生える落葉低木～小高木。

◆見分けのポイント

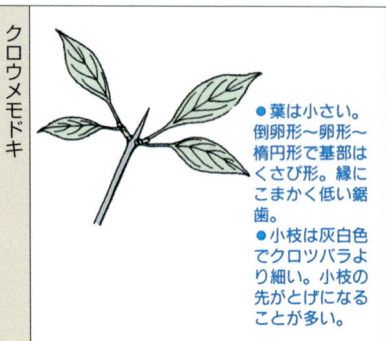

クロツバラ
●葉は大きい。長楕円形～倒卵状の長楕円形で基部はやや鋭形。縁にこまかい鋸歯。
●小枝は紫褐色でクロウメモドキより太い。小枝の先はときにとげになる。

クロウメモドキ
●葉は小さい。倒卵形～卵形～楕円形で基部はくさび形。縁にこまかく低い鋸歯。
●小枝は灰白色でクロツバラより細い。小枝の先がとげになることが多い。

木の情景　イロハカエデの紅葉（埼玉県新座市平林寺　11.27）

イロハカエデ／ヤマモミジ／オオモミジ

イロハカエデは葉が小形、ヤマモミジは鋸歯がふぞろい、オオモミジは鋸歯が整然とそろう

イロハカエデ（いろは楓）
花期・4〜5月／紅葉・10〜11月

●葉は対生し、この3種で最小。花は暗紅色で、同一花序に両性花と雄花がある。花弁とがく片は5個。高さ10〜15m。●福島県以西、四国、九州の山野に生える落葉高木。和名は葉が「いろはにほへと」と7裂の意。別名イロハモミジ、タカオモミジ。

ヤマモミジ（山紅葉）
花期・5月／紅葉・10〜11月

●イロハカエデよりやや大きな葉を対生。葉はふつう7裂し、裂片の先は尾状にとがる。散房花序に両性花と雄花が咲く。花弁は淡紅色、がく片は濃紅色。翼果もイロハカエデより大きい。高さ5〜10m。●北海道、本州の日本海側の多雪山地に生える落葉高木。

オオモミジ（大紅葉）
花期・4〜5月／紅葉・10〜11月

●葉はヤマモミジとほぼ同じ大きさで、縁の鋸歯は細かく左右がそろうのが特徴。長い葉柄をもち対生。花は暗赤色で複散房花序に両性花と雄花が咲く。翼果は上の2種より大きく、果皮は木質化する。高さ10〜13m。●北海道〜九州の山地に生える落葉高木。

カエデ科

◆見分けのポイント

イロハカエデ

- 葉は円形で掌状に5～7裂し,縁に不整の鋭鋸歯かやや重鋸歯がある。
- 翼果は水平か斜開(しゃかい)する。分果は翼とともに長さ1.5cm内外。

翼果

↑イロハカエデの花(上)と翼果(下)

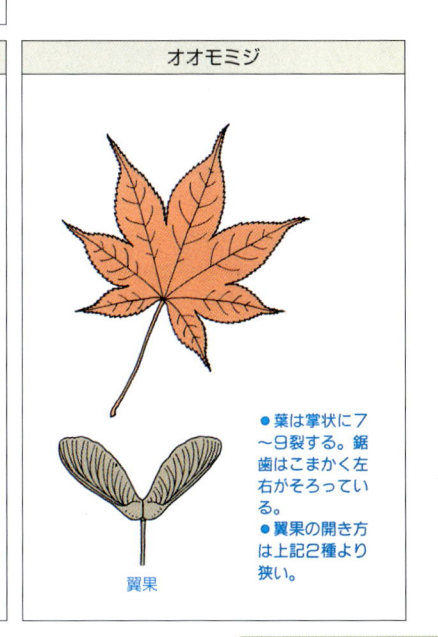

ヤマモミジ

- 葉は掌状に7(5～9)裂する。縁に鋭い鋸歯があり,不ぞろいの重鋸歯,欠刻状の鋸歯となる。
- 翼果は斜開し分果は翼とともに長さ2cm内外。

翼果

オオモミジ

- 葉は掌状に7～9裂する。鋸歯はこまかく左右がそろっている。
- 翼果の開き方は上記2種より狭い。

翼果

秋の樹木 229

ハウチワカエデ／コハウチワカエデ／オオイタヤメイゲツ

ハウチワカエデは葉が大きく翼果はY字形、コハウチワカエデは葉が小形で翼果はT字形

ハウチワカエデ（羽団扇楓）
花期・4～5月／紅葉・10～11月
●大形の葉を対生し、掌状裂片の先はとがる。若葉とともに散房花序を出し、紫紅色の花を垂らす。同一花序に雄花と両性花がある。高さ約15m。
●北海道、本州、四国の山地に生える落葉高木。和名は葉から羽で作ったうちわを連想。別名メイゲツカエデ。

コハウチワカエデ（小羽団扇楓）
花期・5～6月／紅葉・10～11月
●ハウチワカエデより小さい葉を対生し、縁に鋭い鋸歯がある。花は淡黄色で、本年枝の散房花序に雄花と両性花がつく。翼果はやや小さく、ほぼ水平に開く。高さ約10m。
●北海道～九州に分布する落葉高木。イタヤカエデに似るため、別名イタヤメイゲツ。

オオイタヤメイゲツ（大板屋名月）
花期・5～6月／紅葉・10～11月
●上の2種と異なり若枝や葉柄に毛はない。葉は対生し、厚い洋紙質。縁の重鋸歯は細かい。花は黄白色で散房花序に雄花と両性花がつく。花序に毛はない。翼果はほぼ水平に開く。高さ約10m。●宮城県以南、四国の深山に自生する落葉高木。

カエデ科

230 秋の樹木

◆見分けのポイント

	葉	果実・花
ハウチワカエデ	●大形で掌状にやや深く9〜11裂する。鋸歯は大きく重鋸歯が混じる。はじめ白い綿毛があるが、のち裏面の脈ぞいの基部のみ有毛となる。	●翼果は斜開する。分果は翼を含め長さ2cm内外。 ●花は紫紅色。花序は有毛。
コハウチワカエデ	●葉は掌状にやや深く7〜11裂する。こまかい重鋸歯がある。はじめ白い綿毛が多く、のち裏面の脈ぞいに残る。	●翼果はほぼ水平に開く。分果は翼を含め長さ1〜1.5cm。 ●花は淡黄色。花序は有毛。
オオイタヤメイゲツ	●掌状に9〜11中裂し、こまかい重鋸歯がある。裏面の脈腋に白毛がある。	●翼果は水平に開く。分果は翼を含め長さ約2cm。 ●花は黄白色。花序は無毛。

↑ハウチワカエデの花と未熟な翼果（4.21）

→オオイタヤメイゲツの翼果（7.26）

秋の樹木 231

イタヤカエデ／オニイタヤ／エンコウカエデ

葉がほとんど無毛のイタヤカエデ、裏面に毛が多いオニイタヤ、深く裂けるエンコウカエデ

イタヤカエデ（板屋楓）
花期・4〜5月／紅葉・10〜11月
●葉は対生し5〜7裂。裂片は三角状で幅が広く全縁、先は鋭くとがる。葉より先に黄緑色の花を開き、両性花と雄花がある。翼果は褐色に熟す。高さ15〜20m。●北海道〜九州の山地に生える落葉高木。和名は葉がよく茂り、板屋根のように雨を防ぐことから。

オニイタヤ（鬼板屋）
花期・4〜5月／紅葉・10〜11月
●イタヤカエデは葉裏の脈の基部にのみ毛があるが、本種は裏面全体に細毛が密生。葉は対生し5〜7裂して光沢はない。両性花と雄花をつける。花、葉、翼果の形や大きさは母種のイタヤカエデに似る。高さ15〜20m。●北海道〜九州の山地に生える落葉高木。

エンコウカエデ（猿猴楓）
花期・4〜5月／紅葉・10〜11月
●葉は掌状に深く5〜9裂し、裂片は細長く先端はとがる。両面とも無毛で光沢がある。両性花と雄花があるが花は咲きにくい。高さ10〜20m。●本州、四国、九州の山地に生える落葉高木。和名は細長く裂けた葉を、手長猿の手に見立てたもの。

カエデ科

◆見分けのポイント

イタヤカエデ

- 葉の表面は光沢があり，裏面はほとんど無毛で脈腋だけに毛叢がある。葉身は扁円形で，5～7片に浅裂または中裂。裂片の幅は広い。
- 翼果は直角または鋭角に開く。分果の長さは翼を含め2～3㎝。
- 散房状円錐花序に黄緑色の小花をつける。

↑イタヤカエデの新芽（上、4.19）とオニイタヤの翼果（下、7.9）

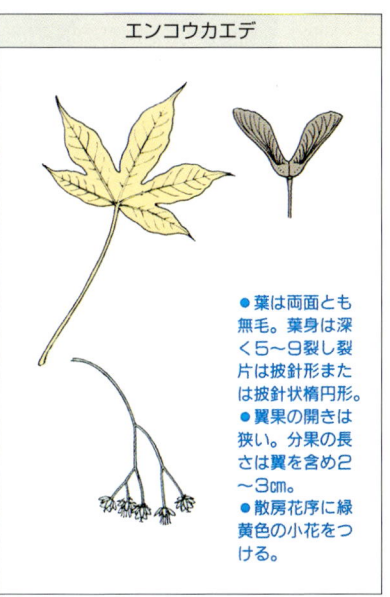

オニイタヤ

- 葉の表面に光沢はなく，裏面に細毛が多い。葉身は5～7裂して裂片の幅は広い。
- 翼果はイタヤカエデより鋭角に開く。分果の長さは翼を含め2～3㎝。
- 散房状円錐花序に黄緑色の小花をつける。

エンコウカエデ

- 葉は両面とも無毛。葉身は深く5～9裂し裂片は披針形または披針状楕円形。
- 翼果の開きは狭い。分果の長さは翼を含め2～3㎝。
- 散房花序に緑黄色の小花をつける。

秋の樹木 233

ウリハダカエデの葉は扇の形、ホソエカエデは卵形、テツカエデは上の2種の倍サイズ

ウリハダカエデ／ホソエカエデ／テツカエデ／**ウリカエデ**

カエデ科

ウリハダカエデ（瓜肌楓）
花期・4〜5月／紅葉・10〜11月
●樹皮は黒みをおびた緑色。葉は対生し浅く3〜5裂。葉と同時に総状花序を出し、径0.8〜1cmの淡黄緑色の花を開く。雌雄異株。高さ10〜15m。●本州、四国、九州の山地に生える落葉高木。和名は樹皮が暗緑色でマクワウリの果皮に似ることから。

ホソエカエデ（細柄楓）
花期・5〜6月／紅葉・10〜11月
●葉は対生し浅く3〜5裂する。3裂する場合、中央の裂片は大きく長い。葉裏の脈腋に膜がある。花は淡緑白色で径7〜8mm。雌雄異株。高さ10〜15m。●福島県以南、四国、九州の山地に生える落葉高木。和名は花の柄が細いことから。別名ホソエウリハダ。

テツカエデ（鉄楓）
花期・6〜8月／紅葉・10〜11月
●樹皮は灰褐色でなめらか。葉は対生し、3種のうちで最大。枝先の総状円錐花序に淡黄色の花をつけ、両性花と雄花の混生する株と、雄株がある。高さ10〜15m。●本州、四国、九州の山地に生える落葉高木。和名は材が黒いことから。別名テツノキ。

◆見分けのポイント

	葉	翼果・花序
ウリハダカエデ	長さ8〜15cm 幅5〜12cm ●扇状五角形で浅く3〜5裂する。裏面は青白色で脈上に赤褐色毛がある。縁にあらい重鋸歯がある。葉柄は緑色。	●分果の長さは翼を含め2.5〜3cm。果穂はやや短く、翼果の数は少ない。無毛。●総状花序に褐色の軟毛がある。花序の長さ5〜10cm。
ホソエカエデ	長さ7〜13cm 幅4〜12cm ●卵形〜広卵形で浅く3〜5裂する。両面とも無毛で、裏面は粉白色をおびる。縁にこまかい重鋸歯がある。葉柄は赤みをおびる。	●分果の長さは翼を含めて1.5〜1.8cm。果穂は長く、翼果の数が多い。無毛。●総状花序は無毛。花序の長さ7〜10cm。
テツカエデ	長さ10〜15cm 幅12〜20cm ●大形で質は厚い。扁心状五角形で浅く5裂する。表面は無毛で細脈がへこみ平滑ではない。成葉では裏面の脈腋のみ有毛。鋭い重鋸歯がある。葉柄は緑色。	●分果は翼を含め長さ3.5〜4cmと大きく、褐色毛がある。●大形の総状円錐花序で褐色の毛がある。花序の長さ10〜20cm。

●似ている種類

→ホソエカエデの翼果 (6.4)

ウリカエデ（瓜楓）
花期・4〜5月／紅葉・10〜11月

●樹皮は青緑色で若枝は赤褐色。葉は長さ4〜7cmと小さい。高さ6〜8m。●落葉小高木。和名は樹皮がマクワウリに似るから。

アサノハカエデ／オガラバナ

カエデ科

翼果が水平に開くアサノハカエデ、鋭角に開くオガラバナ

アサノハカエデ（麻の葉楓）
花期・5～6月／紅葉・9～11月

●葉は掌状に浅く5～7裂し葉脈がややへこむ。総状花序に淡黄色の花を開く。翼果はほぼ水平に開く。高さ7～10m。●宮城、新潟県以南、四国の深山に生える落葉小高木～高木。和名は葉が麻に似るため。別名ミヤマモミジ。

オガラバナ（麻幹花）
花期・6～8月／紅葉・9～11月

●葉は掌状に5～7裂し欠刻状の鋸歯がある。総状花序に淡黄緑色の雄花と両性花を混生。翼果の開きは鋭角。高さ8～9m。●北海道～近畿地方の深山に生える落葉小高木。和名は茎がおがら（麻の皮をはいだもの）に似るから。

◆見分けのポイント

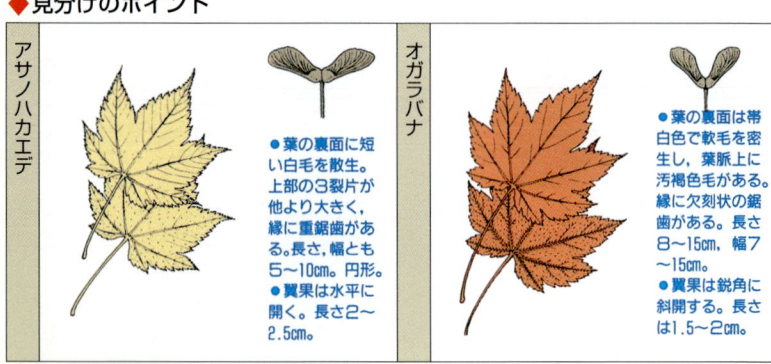

アサノハカエデ
●葉の裏面に短い白毛を散生。上部の3裂片が他より大きく、縁に重鋸歯がある。長さ、幅とも5～10cm。円形。
●翼果は水平に開く。長さ2～2.5cm。

オガラバナ
●葉の裏面は帯白色で軟毛を密生し、葉脈上に汚褐色毛がある。縁に欠刻状の鋸歯がある。長さ8～15cm、幅7～15cm。
●翼果は鋭角に斜向する。長さは1.5～2cm。

ミネカエデ／コミネカエデ

カエデ科

ミネカエデは葉が中ほどまで裂け、コミネカエデは軸近くまで裂ける

ミネカエデ（峰楓）
花期・6～7月／紅葉・9～10月
●葉は対生し掌状に中ほどまで裂け、重鋸歯と欠刻がある。総状花序に径8～10mmの淡黄色の花が咲く。翼果は長さ2.5～3cmでほぼ直角に開く。高さ2～8m。●北海道～中部地方の亜高山や高山帯に生える落葉低木～小高木。

コミネカエデ（小峰楓）
花期・6～7月／紅葉・9～11月
●葉は深く掌状に裂け重鋸歯がある。総状花序に径約4mmの花がつく。翼果は長さ1.5～2cmと小さく、ほぼ水平に開く。高さ6～8m。●本州、四国、九州の山地に生える落葉小高木。和名はミネカエデより花や果実が小形。

◆見分けのポイント

ミネカエデ
●葉は中ほどまで5裂し、裂片の先は鋭くとがる。中央裂片はひし状三角形。長さ幅とも5～9cm。

コミネカエデ
●葉は深く5裂し、裂片の先は尾状に鋭くとがる。中央裂片は卵状披針形で長い。長さ幅とも5～9cm。

秋の樹木

ハナノキ／カラコギカエデ／サトウカエデ

ハナノキの葉は裏面が粉白色、カラコギカエデは粉白にならず脈に毛がある

ハナノキ（花の木）
花期・4月／紅葉・10〜11月

●葉は対生し、裏面は粉白色になる。花は花弁、がく片ともに紅色で、散形状に多数開く。雌雄異株で雌株は少ない。開花から結実までが早く5月には翼果が熟す。高さ15〜25m。●長野県、愛知県、岐阜県の山地にとびとびに自生分布する落葉高木。各自生地は国の天然記念物。和名は葉が出る前に美しい花（右ページ写真）が咲くことから。別名ハナカエデ。

カラコギカエデ（鹿子木楓）
花期・5〜6月／紅葉・10〜11月

●葉はハナノキよりも細長い卵状楕円形で対生し、しばしば下部が浅く3裂する。複散房花序を出し、淡黄緑色の雄花と両性花を開く。翼果の開く角度は直角あるいはごく狭い鋭角になる。9〜10月に熟す。高さ5〜8m。●北海道〜九州の山地のやや湿り気のあるところに生える落葉小高木。和名は樹皮が鹿子模様にはげることからとされる。

カエデ科

◆見分けのポイント

	葉	翼果・花序
ハナノキ	●卵状三角形で浅く3裂する。裏面は粉白色。長さ4～7cm、幅3～6cm。秋に紅葉する。縁に不ぞろいな鋸歯がある。	●翼果は長さ2cm内外であまり開かない。 ●花は紅色で雄しべ5個。前年枝の側芽に束生。
カラコギカエデ	●卵状楕円形～三角状卵形でしばしば下部が3裂。裏面脈上に散毛。長さ5～10cm、幅3～6cm。秋に黄葉から紅葉。縁は不規則な欠刻と重鋸歯。	●翼果はかなり狭角に開く。長さ2.5～3.5cmと他の2種より大きい。 ●花は淡黄緑色で雄しべは8個。本年枝の先に複散房花序がつく。

●似ている種類

サトウカエデ（砂糖楓）
花期・4～5月／紅葉・10～11月

●若枝は紅色をおびる。葉は長さ7～15cm、掌状に3～5裂する。葉柄は赤みをおびて長い。翼果はよじれていてほぼ水平に開く。高さ30～40m。●北アメリカ原産の落葉高木。和名は樹液からカエデ糖を採取することから。

↓ハナノキの花（3.29）

ニシキギ／コマユミ　　　　　ニシキギ科

> 枝にコルク質の翼が発達しているニシキギ、コマユミに翼はない

ニシキギ（錦木）
花期・5～6月／紅葉・10～11月
●葉は対生し、長さ1.5～6cmの楕円形（だえんけい）～倒披針形（とうひしんけい）。花は淡黄緑色。果実は熟すと裂けて赤い仮種皮（かしゅひ）に包まれた種子が現れる。高さ2～3m。●北海道～九州の山野に生える落葉低木。和名は紅葉の美観から錦を連想したもの。

コマユミ（小真弓）
花期・5～6月／紅葉・10～11月
●花や葉はニシキギに似るが、ニシキギは枝に翼（よく）が出るのに対し、本種に翼はない。葉は長さ2～7cmの楕円形。花は淡黄緑色。果実は裂けると赤い皮の種子が出る。高さ2～3m。●北海道～九州の山野に生える落葉低木。

◆見分けのポイント

ニシキギ
●枝にコルク質の翼が発達する。
●葉は長さ1.5～6cmの楕円形。

コマユミ
●枝に翼はない。
●葉は長さ2～7cmの楕円形。

木の情景　マユミ（真弓、檀）　晩秋、果肉がはじけて赤い種子が現れる。昔、この木で弓をつくったことが和名のもと。山野に生えるニシキギ科の落葉高木（東京都八王子市 11.7）

ツリバナ/ヒロハツリバナ/オオツリバナ/サワダツ

さく果に翼がないツリバナ、ヒロハツリバナには十字形の翼、オオツリバナには狭い翼

ツリバナ（吊り花）
花期・5〜6月／果期・9〜10月
●葉は対生し、質は薄く鋸歯は細かい。葉のわきから長い柄を出し、淡緑白色でやや淡紫色の5弁花を集散状につける。さく果は熟すと5裂し、仮種皮に包まれた種子を露出。高さ約4m。●北海道〜九州の山地に生える落葉低木。和名は花が垂れるから。

ヒロハツリバナ（広葉吊り花）
花期・6〜7月／果期・9〜10月
●さく果は球形だが4つの翼があるため十字形に見える。熟すと4裂。花は淡緑色の4弁花で花柄はあまり長くない。葉は対生しツリバナより幅が広い。裏面の葉脈が隆起する。高さ6〜7m。●北海道〜近畿地方、四国の深山に生える落葉小高木。

オオツリバナ（大吊り花）
花期・5〜6月／果期・9〜10月
●葉は3種のうちで最大で裏面に葉脈が隆起する。花は淡緑白色の5弁花で長い柄の先にやや散形状につく。さく果はほぼ球形で熟すと5裂。5つの狭い翼をもつ。高さ4〜5m。●北海道〜中部地方の深山に生える落葉低木。別名ニッコウツリバナ。

ニシキギ科

◆見分けのポイント

	果実・花	葉
ツリバナ	●さく果は球形で翼はない。径0.9～1.2cm。熟すと5裂する。仮種皮は朱赤色。果柄7～15cm。 ●花弁は5個。やや淡紫色をおびた淡緑白色。径6～7mm。	●卵形または長楕円形で長さ5～10cm、幅2～5cm。縁にこまかい鋸歯がある。
ヒロハツリバナ	●さく果は平たく4翼が著しい。径2～2.5cm。熟すと4裂する。仮種皮は赤褐色。果柄4～8cm。 ●花弁は4個。淡緑色。径約6mm。	●長楕円形または倒卵状楕円形で長さ5～12cm、幅3～7cm。裏面の葉脈が隆起する。
オオツリバナ	●さく果はほぼ球形で5個の狭い翼がある。径約1cm。熟すと5裂する。仮種皮は朱赤色。果柄7～15cm。 ●花弁は5個。淡緑白色。径7～8mm。	●楕円形または倒卵形で長さ7～13cm、幅4～6cm。裏面の葉脈が隆起する。

●似ている種類

サワダツ（沢立）
花期・6～7月／果期・10月

●高さ約1mしかなく左の3種より低い木。さく果は径約1cmの球形で5つに裂ける。●本州、四国、九州の深山に生える落葉小低木。

木の情景 ツリバナの花（5.11）

秋の樹木 243

マサキ／ツルマサキ

ニシキギ科

マサキは幹がある単木、ツルマサキは茎から気根を出してからむつる性

マサキ（柾）
花期・6～7月／果期・10～2月
●厚く光沢のある葉を対生する。花は白緑色で径約5㎜、花弁の先はまるい。さく果は10月～翌年2月に熟して4裂し、赤い仮種皮に包まれた種子を出す。高さ2～6m。●北海道南部～沖縄の沿海地に生える常緑低木～小高木。

ツルマサキ（蔓柾）
花期・6～7月／果期・10～11月
●茎はつる性で気根を出して木や岩にからむ。葉は対生し若木の葉はごく小さい。花は緑白色で径約6㎜、花弁の先がとがる。種子は赤い仮種皮に包まれる。つるの長さ10m余。●北海道～九州の山地に生えるつる性常緑樹。

◆見分けのポイント

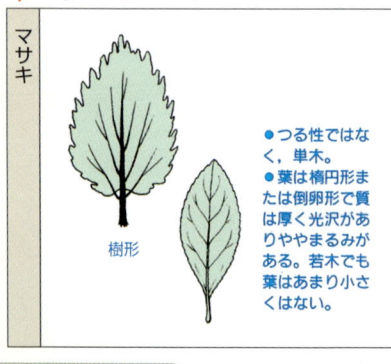

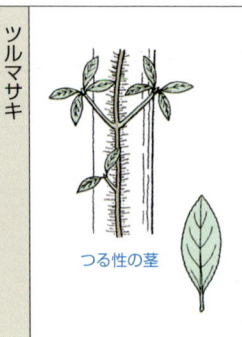

マサキ
樹形
●つる性ではなく、単木。
●葉は楕円形または倒卵形で質は厚く光沢がありややまるみがある。若木でも葉はあまり小さくはない。

ツルマサキ
つる性の茎
●つる性で茎から気根を出して他の木や岩をはう。耐寒性あり。
●葉は楕円形または長楕円形でマサキより細長い。質はやや薄く光沢は少ない。若木の葉は長さ1㎝内外と小さい。

木の情景 ↑ツルウメモドキ（蔓梅擬き）　細いつるについた果実は、黄色に熟すと果皮が割れて赤い種子がぴょこんと現れる。ニシキギ科のつる性落葉樹（東京都八王子市　1.1）

↓ウメモドキ（梅擬き）　山野に自生する木だが、庭木でよく見るモチノキ科の落葉低木。高さ2～4m。径5mmぐらいの果実が10～11月に赤く熟す（東京都八王子市　9.18）

モチノキ／クロガネモチ／アオハダ

モチノキ科

モチノキは果柄の先に果実が1個つき、クロガネモチは3～5個集まってつく

モチノキ（黐の木）
花期・4月／果期・10～12月

●太い幹が直立する。樹皮は暗い灰褐色でなめらか。葉は互生し、厚い革質で表面にやや光沢がある。花は黄緑色で、雄花は葉のわきの散形花序に密につき、雌花は1～2個。雌雄異株。果実は球形で1本の果柄に1個つく。高さ5～15m。
●宮城、山形県～沖縄の暖地の海岸に近い山野に生える常緑小高木～高木。和名は樹皮から鳥もちをつくることに由来する。

クロガネモチ（黒鉄黐）
花期・5～6月／果期・10～12月

●幹は直立。深緑色で光沢のある葉を互生し、葉のわきの集散花序にモチノキよりやや小さな淡紫色の花をつける。花弁は4～6枚あり反り返る。雌雄異株。球形の果実はモチノキより小さく、1本の果柄に3～5個が集まってつき、秋に赤く熟す。高さ約20m。●関東以西～沖縄の山野に生える常緑高木。和名は葉の表面が黒光りすることからといわれる。

◆見分けのポイント

	果実・花	葉
モチノキ	●果実は長い柄の先に1個つき鈍い赤色に熟す。長さ1～1.5cm。 ●花は黄緑色で径5～8mm, 花弁は4枚。	●裏面は淡黄緑色で葉脈が隆起し, 葉柄はやや緑色。倒卵状楕円形～卵状楕円形。長さ5～8cm, 幅2～4cm。
クロガネモチ	●果実は3～5個集まってつき輝紅色に熟す。長さ5～8mm。 ●花は淡紫色で径約4mmとやや小さい。花弁は4～6枚。	●裏面は淡緑色で葉柄は紫色をおびる。楕円形～広楕円形。長さ5～8cm, 幅3～4cm。

●似ている種類

↓モチノキの花（4.28）

アオハダ（青膚）
花期・5～6月／果期・9～10月

●樹皮は灰白色で薄く, 緑色の内皮がすぐに現れる。それが和名のもと。花は緑白色で短枝の先につく。雌雄異株。果実は球形で赤く熟す。高さ10～15m。●北海道～九州の山地に生えるモチノキ科の落葉高木。

秋の樹木 247

シナヒイラギ／アメリカヒイラギ　　モチノキ科

シナヒイラギの葉は光沢があり形がいびつ、アメリカヒイラギは光沢がなく楕円形

シナヒイラギ（支那柊）
花期・4～6月／果期・10～1月
●葉には長方形と、楕円形～狭卵形の2形があり、革質でかたい。花は白色～淡黄緑色。核果は9～10月に赤く熟す。雌雄異株。高さ2～5m。●中国、朝鮮半島原産の常緑低木～小高木。別名チャイニーズ・ホリー。

アメリカヒイラギ（アメリカ柊）
花期・5～6月／果期・11～1月
●シナヒイラギに比べ葉の表面の色は鈍く光沢がない。葉のわきに白色の花が1個咲く。雌雄異株。核果は暗紅色に熟す。高さ5～15m。●北アメリカ原産の常緑小高木～高木。クリスマスの飾り用。別名アメリカ・ホリー。

◆**見分けのポイント**

シナヒイラギ
- ●葉には長方形と、楕円形～狭卵形の2形がある。表面に光沢があり、濃緑色。
- ●花は前年枝に数個つく。果実は球形。

アメリカヒイラギ
- ●葉は楕円形でシナヒイラギのような光沢はなく、鈍い緑色。
- ●花は本年枝に単生。果実は球形～長楕円形。

木の情景 ドクウツギ（毒空木）　猛毒の木。果実は赤から紫色に熟し、誤って口にすると死亡するほどの毒をふくむ。山野に生えるドクウツギ科の落葉低木（茨城県那珂郡 6.27）

ヤマウルシ／ハゼノキ／ヤマハゼ／ウルシ／ヌルデ

ヤマウルシは果実と葉に毛があり、ハゼノキは果実も葉も無毛、ヤマハゼは果実が無毛で葉に短毛

ウルシ科

ヤマウルシ（山漆）
花期・5〜6月／紅葉・9〜11月
●葉は枝先に互生し、奇数羽状複葉で葉軸と若葉は赤みをおびる。葉の両面、若枝、花序、果実に毛がある。花は黄緑色で円錐花序につく。果実は径5〜6mmの扁球形。ふれるとかぶれる。高さ3〜8m。
●北海道〜九州の山地に生える落葉低木〜小高木。

ハゼノキ（黄櫨）
花期・5〜6月／紅葉・9〜11月
●葉は奇数羽状複葉で互生し無毛。小葉の先は細長くとがる。円錐花序に黄緑色の小花をつける。果実は径8〜10mmの扁球形で無毛。高さ約10m。
●関東以西〜沖縄の山野に生える落葉高木。果皮からロウをとる。別名リュウキュウハゼ、ロウノキ、ハゼ。

ヤマハゼ（山黄櫨）
花期・5〜6月／紅葉・9〜11月
●葉の両面や若枝、花序に短毛がある。葉は奇数羽状複葉で互生する。花は黄緑色で円錐花序につく。果実は径8〜10mmの扁球形で光沢があり無毛。高さ3〜6m。●関東以西〜沖縄の山地に生える落葉小高木。心材は鮮黄色で染料にする。別名ハニシ。

250 秋の樹木

◆見分けのポイント

ヤマウルシ	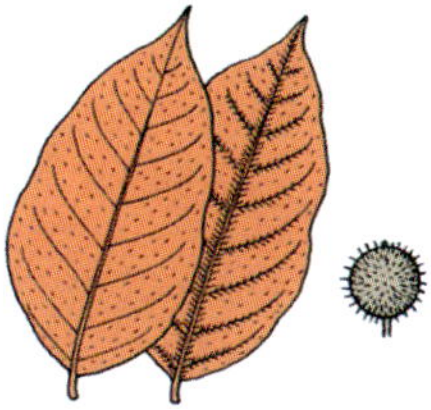	●小葉の両面に短毛があり特に裏面脈上に多い。裏面は淡緑色。卵形または長楕円形で長さ6〜12cm。6〜8対。●果実は扁球形で黄色毛を密生。
ハゼノキ	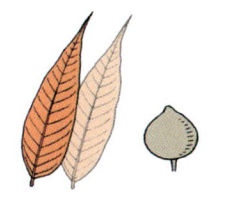	●小葉は両面無毛でやや光沢がある。裏面は粉白色。広披針形または狭長楕円形で長さ4〜10cm。4〜7対。●果実は扁球形で白い光沢あり。
ヤマハゼ	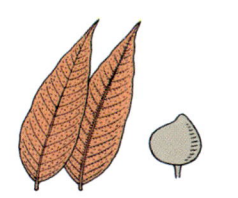	●小葉の両面に短毛密生。裏面は緑白色。楕円形または卵状長楕円形で長さ5〜7cm。4〜7対。●果実は扁球形で黄褐色の光沢。

●似ている種類

ウルシ（漆）
花期・5〜6月／紅葉・10〜11月
●葉は左の3種より幅の広い楕円形。果実は扁球形で無毛。高さ10〜15m。
●中国、インド原産の落葉高木。ふれるとかぶれる。樹皮から漆を採取。

ヌルデ（白膠木）
花期・8〜9月／紅葉・9〜11月
●複葉の中軸に翼があることが左の3種やウルシとの区別点。花は黄白色。果実は径約4mmの扁球形で毛を密生、熟すと白粉をかぶる。●落葉小高木。

秋の樹木 251

[木の情景] ナンキンハゼ（南京黄櫨）　紅葉が見事なので庭園や街路樹に植栽される中国原産の落葉高木。ハゼと名につくが、本種はウルシ科ではなくトウダイグサ科（八王子市　11.17）

コバンノキ／ヒトツバハギ

トウダイグサ科

コバンノキの葉は小形で基部がまるく、ヒトツバハギはやや大きくて基部はとがる

コバンノキ（小判の木）
花期・5月／果期・9〜10月
●葉は並んで互生し羽状複葉のように見える。雄花は紅紫色、雌花は淡緑色でともに花弁はない。高さ2〜3m。
●岐阜、福井県以西〜沖縄の山地に生える落葉低木。和名は紅葉すると小判のように見えることから。

ヒトツバハギ（一葉萩）
花期・6〜7月／果期・10〜11月
●葉は互生しコバンノキよりも大形。雄花は淡黄色で多数束生し、雌花は淡緑色で1〜5個つく。さく果は熟すと種子を飛ばす。高さ1〜3m。●関東以西〜四国、九州の山野に生える落葉低木。和名は単葉でハギに似た木の意。

◆**見分けのポイント**

コバンノキ
●葉は卵形〜長楕円形で基部はまるい。
●果実は扁球形で黒く熟す。

ヒトツバハギ
●果実は熟すと裂けて，種子を出す。
●葉は長楕円形で基部はくさび形。
●果実は扁球形で褐色に熟す。

秋の樹木 253

ツゲ／イヌツゲ

ツゲ科／モチノキ科

ツゲは葉が対生し果実が細長く、イヌツゲは互生して果実はまるい

ツゲ（黄楊）
花期・3～4月／果期・9～10月
●葉は対生し、革質で光沢がある。花は淡黄色。雌雄同株。果実は緑褐色に熟す。高さ1～6m。●山形県、佐渡島以南～九州の山地に生える常緑低木～小高木。材は印鑑、くしなどに使う。別名ホンツゲ、アサマツゲ。

イヌツゲ（犬黄楊）
花期・6～7月／果期・10～11月
●左のツゲ（ツゲ科）と混同されるが本種はモチノキ科。葉は互生し縁に微鋸歯がある。花は白色で4弁。果実は黒色に熟す。高さ3～7m。●北海道～九州の山地に生える常緑低木～小高木。和名はツゲに似るが材が役立たないため。

◆見分けのポイント

ツゲ
- ●葉は対生し倒卵形。全縁。
- ●雌雄同株。数個の雄花の中に1個の雌花。
- ●果実は倒卵形。緑褐色に熟す。

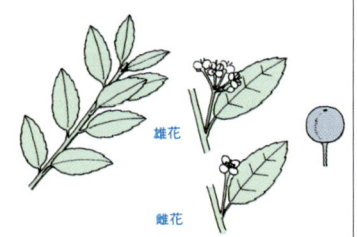

イヌツゲ
雄花
雌花
- ●葉は互生し楕円形。微鋸歯がある。
- ●雌雄異株。雄花と雌花は別々につく。
- ●果実は球形。黒く熟す。

木の情景 シラハギ（白萩）　清楚な白花をつけ、庭や公園、寺社などに植えられているのを見ることが多い。山地に自生もあるマメ科の落葉低木（東京都あきる野市大悲願寺　9.5）

ヤマハギ／マルバハギ／ミヤギノハギ／ツクシハギ／キハギ

花序が葉より長いヤマハギ、葉より短いマルバハギ、枝が著しく枝垂れるミヤギノハギ

ヤマハギ（山萩）
花期・6〜9月

●株立状に細い枝が多数分かれ、ほとんど枝垂れない。葉は3出複葉で互生。葉のわきから総状花序を出し、紅紫色で長さ1.3〜1.5cmの蝶形花をつける。豆果の長さ約1cm。高さ約2m。●北海道〜九州の山野に生える落葉低木。植栽も多い。別名ハギ。

マルバハギ（丸葉萩）
花期・8〜10月

●枝は先があまり垂れず、稜線と白い短毛がある。葉は3出複葉で互生。花は濃紅紫色の蝶形花で、葉より短い総状花序につく。花冠は長さ1〜1.5cm。豆果は長さ6〜7mmで、伏せ毛がある。高さ2〜3m。●本州、四国、九州の山野に生える落葉低木。

ミヤギノハギ（宮城野萩）
花期・7〜9月

●枝は下垂して花期には先が地に接するほどになる。葉は互生。花は長さ約1.5cmの紫紅色の蝶形花で、旗弁が強く反り返る。豆果は長さ約1cm。高さ1〜2m。●東北、北陸、中国地方の山野に自生する落葉低木。枝垂れの魅力で広く植栽される。別名ナツハギ。

マメ科

◆見分けのポイント

ヤマハギ		●花序は葉より長い。 ●小葉は広楕円形〜広倒卵形で質は薄い。先端は円形だが若枝ではとがる。裏面は白色をおびる。長さ2〜4cm、幅1〜2cm。
マルバハギ		●花序は葉より短い。 ●小葉は円形または倒卵形〜楕円形で質はやや厚い。先端はややへこむか円形でヤマハギよりまるい。裏面は淡白色。長さ2〜3cm、幅1〜2cm。
ミヤギノハギ		●花序は葉より長い。 ●小葉は長楕円形または楕円形で両端はとがる。裏面は淡緑色。長さ3〜5cm、幅1〜1.25cm。

木の情景 ハギのトンネル（東京都向島百花園 9.14)

●似ている種類

ツクシハギ（筑紫萩）
花期・8〜10月
● 枝はあまり下垂しない。葉より長い総状花序を出し、蝶形花をつける。高さ2〜4m。
● 本州、四国、九州の山地に生える落葉低木。

キハギ（木萩）
花期・7〜9月
● 小葉は長卵形で裏面に絹毛がある。花は淡紫白色でときに黄色をおびる。高さ2〜3m。
● 本州、四国、九州の山野に生える落葉低木。

秋の樹木 257

フユイチゴ（冬苺）
花期・9〜10月／果期・11〜1月

●長いほふく茎でふえ、全体に毛があるがとげはない。花は白色の5弁花で径約1cm、葉のわきに5〜10個開く。葉は互生し、托葉はすぐに落ちる。高さ約20cm。●千葉県以西〜四国、九州の山地に生える常緑小低木。果実は赤く熟して食べられる。

ミヤマフユイチゴ（深山冬苺）
花期・9〜10月／果期・11〜1月

●葉柄や茎にとげが多く、がく片と花柄には短毛が多い。葉は互生し先端はとがる。托葉は落ちやすい。花は白色で葉のわきの短い円錐花序につく。高さ30〜40cm。●埼玉、神奈川県以西〜四国、九州の山地に生える常緑小低木。果実は赤く熟し食べられる。

マルバフユイチゴ（丸葉冬苺）
花期・5〜7月／果期・8〜10月

●葉は互生し、3種のうち最小でまるい。花期は上の2種より早く、花は径約2cmの白花。がく片は花弁より長い。茎に白毛ととげがある。高さ20〜30cm。●本州〜九州の山地に生える常緑小低木。果実は赤く熟し食べられる。別名コバノフユイチゴ。

フユイチゴの葉先は鈍く、ミヤマフユイチゴは鋭くとがり、マルバフユイチゴはまるい

フユイチゴ／ミヤマフユイチゴ／マルバフユイチゴ／ホウロクイチゴ

バラ科

◆見分けのポイント

	葉・茎	花・果実
フユイチゴ	●葉はやや円形状の五角形で浅く5(3)裂し先端は鈍頭。表面は毛が少なく裏面には密毛。●茎や葉柄は有毛だがとげはない。	●花弁は長楕円形でがく片よりやや長い。●分果はミヤマフユイチゴより数がやや多く、すこし小形。冬に熟す。
ミヤマフユイチゴ	●葉は卵形で3〜5裂する。先は鋭くとがり基部は心形。両面とも毛は少ない。●茎や葉柄は無毛だが小さなとげがある。	●花弁は倒卵状楕円形でがく片より短い。●分果はフユイチゴより数が少なくやや大きい。冬に熟す。
マルバフユイチゴ	●葉は円形で先はとがらない。両面とも白毛が多い。托葉はこまかく裂け残ることが多い。●茎や葉柄は有毛でとげがある。	●花弁は狭倒卵形でがく片より短い。がく片の外側にとげ状の毛がある。●分果は他の2種より大粒で数は少ない。夏〜秋に熟す。

●似ている種類

↓ミヤマフユイチゴの花 (9.1)

ホウロクイチゴ（焙烙苺）
花期・4〜6月／果期・5〜8月
●枝は太く弓状に伸び、まばらに針状のとげがある。果実は赤く熟すが内部は空洞。●伊豆半島〜沖縄の沿海地に生える常緑低木。

秋の樹木 259

タチバナモドキ／トキワサンザシ／ヒマラヤトキワサンザシ／ベニシタン

タチバナモドキの葉には鋸歯がなく、トキワサンザシとヒマラヤトキワサンザシには細かい鋸歯がある

バラ科

タチバナモドキ（橘擬）
花期・5〜6月／果期・10〜1月

●短枝の先はとげ状で、若枝に黄褐色の毛が密生。葉は互生または束生し、革質で先がまるい。散房花序に白色の5弁花を開く。果実は平たい球形で橙黄色に熟す。高さ2〜4m。●中国原産の常緑低木。植栽が多い。和名は実の形がタチバナに似ることから。

トキワサンザシ（常磐山櫨子）
花期・5〜6月／果期・10〜1月

●枝に短く鈍いとげがある。葉は互生し表面は光沢があり濃緑色。裏面に綿毛はない。散房花序に径8mmほどの白花を多数開く。花弁とがく片は5個。果実は鮮紅色に熟す。高さ2〜6m。●西アジア原産の常緑低木。日本へは明治中期に渡来した。

ヒマラヤトキワサンザシ（ヒマラヤ常磐山櫨子）
花期・5〜6月／果期・10〜1月

●葉はトキワサンザシより幅が狭く、鋸歯がある。裏面は無毛。散房花序に白色の5弁花を開き、花径は3種のうちで最大。果実は鮮紅色または橙紅色に熟す。高さ約2m。●ヒマラヤ原産の常緑低木。別名カザンデマリ、インドキワサンザシ。

◆見分けのポイント

	葉	果実・花
タチバナモドキ	狭長楕円形～狭倒卵形で全縁。裏面に白い綿毛がある。長さ2～5cm、幅1～1.5cm。	●果実は径5～6mmの平たい球形。先端にがくが残る。10～11月に黄褐色に熟す。●花は径5～8mmで、がくに白い綿毛がある。
トキワサンザシ	倒披針形～狭倒卵形で縁にこまかい鋸歯がある。裏面は無毛。長さ2～4cm、幅1～1.5cm。	●果実は径約6mmの平たい球形で10～11月に鮮紅色に熟す。●花は径約8mmで、花序に細毛がある。
ヒマラヤトキワサンザシ	長楕円形～長楕円状披針形で縁にこまかい鋸歯がある。裏面は無毛。葉柄ははじめ有毛。長さ2～5cm、幅0.5～0.8cm。	●果実は径7～8mmの平たい球形で10～11月に鮮紅色か橙紅色に熟す。●花は径約10mmと大きい。花序は無毛。

●似ている種類

ベニシタン（紅紫檀）
花期・6月／果期・10～12月
●葉の長さが1cm前後で左の3種より小さい。果実は径約5mmの球形。高さ約1m。●中国原産の常緑低木。庭木や鉢植えに多い。

↓ヒマラヤトキワサンザシの花（5.1）

秋の樹木

木の情景 バクチノキ（博打の木）　樹皮がはがれて赤い木肌がむきだしになる。写真は天然記念物、早川のビランジュ（バクチノキの別名）。バラ科の常緑高木。円内は花（9.21）

木の情景 ナナカマド（七竈）　果実と葉がまっ赤になるバラ科の落葉高木。和名はこの木が燃えにくく、7回かまどに入れてもなお残るといわれたことから（宮城県栗駒山 10.4）

バリバリノキ／カゴノキ

クスノキ科

果実が黒紫色のバリバリノキ、カゴノキの果実は紅色

バリバリノキ
花期・8月／果期・翌年6月ごろ
●葉は表面に光沢があり裏は粉白色。散形花序に黄緑色の花をつける。雌雄異株。果実の下部は花軸の杯で包まれる。高さ10〜15m。●千葉県以西〜沖縄の山地に生える常緑高木。和名は質のかたい葉がふれあう音といわれる。

カゴノキ（鹿子の木）
花期・8〜9月／果期・翌年7〜8月
●樹皮はまるくはがれて鹿の子模様になる。葉は薄い革質。散形花序に淡黄色の花がつく。果実の下部は花軸の杯に包まれない。高さ約15m。●茨城、石川県以西〜沖縄の山地に生える常緑高木。別名コガノキ、カゴガシ。

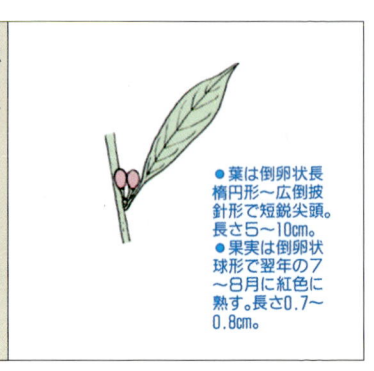

◆見分けのポイント

バリバリノキ
●葉は狭披針形〜倒披針形で長鋭尖頭。長さ10〜25cm。
●果実は楕円形で翌年6月ごろ黒く熟す。長さ約1.5cm。

カゴノキ
●葉は倒卵状長楕円形〜広倒披針形で短鋭尖頭。長さ5〜10cm。
●果実は倒卵状球形で翌年の7〜8月に紅色に熟す。長さ0.7〜0.8cm。

264 秋の樹木

ビナンカズラ／マツブサ

モクレン科

ビナンカズラの果実は赤く熟し、マツブサは黒紫色に熟す

ビナンカズラ（美男葛）
花期・7〜8月／果期・10〜12月
●葉は互生し裏面がやや紫色。花は淡黄白色で1個ずつつく。雌雄異株または同株。液果は赤く熟す。●関東以西〜沖縄の山野に生えるつる性常緑樹。和名は昔、茎の煮汁で整髪したことから。別名サネカズラ。

マツブサ（松房）
花期・6〜7月／果期・9〜11月
●葉のわきから淡黄白色の花が数個垂れ下がる。雌雄異株。つるは右巻き。液果は黒紫色に熟す。●北海道〜九州の山地に生えるつる性落葉樹。和名は傷つけると松脂のにおいがして、果実が房状につくため。別名ウシブドウ。

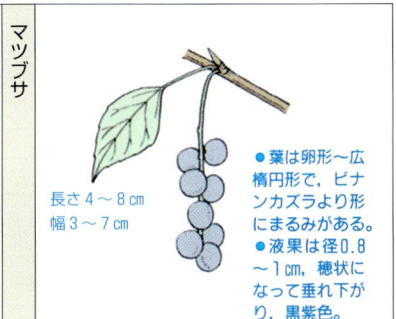

◆見分けのポイント

ビナンカズラ
長さ4〜12cm
幅3〜5cm
●葉は長楕円形〜楕円形で，質が厚く，縁は波打つ。
●液果は頭状に多数ついた集合果で，赤く熟す。

マツブサ
長さ4〜8cm
幅3〜7cm
●葉は卵形〜広楕円形で，ビナンカズラより形にまるみがある。
●液果は径0.8〜1cm，穂状になって垂れ下がり，黒紫色。

秋の樹木

アオツヅラフジ／オオツヅラフジ

ツヅラフジ科

アオツヅラフジの果実は球形、オオツヅラフジはやや扁平で小さく、葉が大形

アオツヅラフジ（青葛藤）
花期・7～8月／果期・9～11月
●つるは長く若い茎は緑色、のち灰色。葉は互生。円錐花序に黄白色の小さい花をつける。果実は藍黒色に熟し白粉をかぶる。雌雄異株で雄花の雄しべは6本。●北海道渡島半島～沖縄の山野に生えるつる性落葉樹。別名カミエビ。

オオツヅラフジ（大葛藤）
花期・7月／果期・10～11月
●アオツヅラフジより大形の葉が互生。花は淡黄色でごく小さいが、雄花序は長さ8～20cmの円錐状で大きい。雌雄異株で雄しべは9～12本。●宮城県以南～九州の山野に生えるつる性落葉樹。別名ツヅラフジ、アオカズラ。

◆見分けのポイント

アオツヅラフジ
● 葉は広卵形～卵形でときに3浅裂、長さ6～9cm、オオツヅラフジより小形。葉柄は1～3cmでオオツヅラフジより短い。
● 茎に短毛がある。
● 液果は球形で径6～8mm、藍黒色に熟す。

オオツヅラフジ
● 葉は円形～卵円形、長さ6～15cm、アオツヅラフジより大形。葉柄もアオツヅラフジより長い。若葉や下部の葉は浅く3～7裂する。
● 茎は無毛。
● 液果は扁平な球形で径約5mm、藍黒色に熟す。

266 秋の樹木

木の情景 ナンテン（南天） 光沢のあるまっ赤な果実の魅力により、庭木、盆栽、花材にされる。茨城県以西、四国、九州の山地に自生するメギ科の常緑低木（東京都御岳山 12.26）

アケビ／ミツバアケビ／ムベ

アケビは小葉が5枚、ミツバアケビは3枚でともに葉先がへこみ、ムベは5〜7枚で葉先がとがる

アケビ（木通）
花期・4〜5月／果期・9〜10月

●葉は互生または束生し、掌状複葉で小葉は5枚。長い葉柄の間から総状花序を出し、淡紫色の花を開く。果実は液果で長さ約6cmの楕円形。熟すと縦に裂けて開く。雌雄同株。●本州、四国、九州の山野に生えるつる性落葉樹。果実は食用。別名アケビカズラ。

ミツバアケビ（三葉木通）
花期・4〜5月／果期・9〜10月

●小葉は3枚で縁に波状の歯牙がある。花はアケビより濃く黒紫色。果実は長さ約10cmの長楕円形で、3種の中で最大。熟すと縦に裂けて開く。雌雄同株。アケビも本種も花弁がなくがく片が3枚。●日本各地の山野に生えるつる性落葉樹。果実は食用。

ムベ（郁子）
花期・4〜5月／果期・10〜11月

●小葉は先がとがり、アケビの倍近い大きさがある。花はがく片が6個で外面は黄白緑色。果実は長さ5〜8cmの卵円形で、紫色に熟すが裂開しない。雌雄同株。●関東南部以西〜沖縄の山地に生えるつる性常緑樹。果実は食用。別名トキワアケビ。

アケビ科

◆見分けのポイント

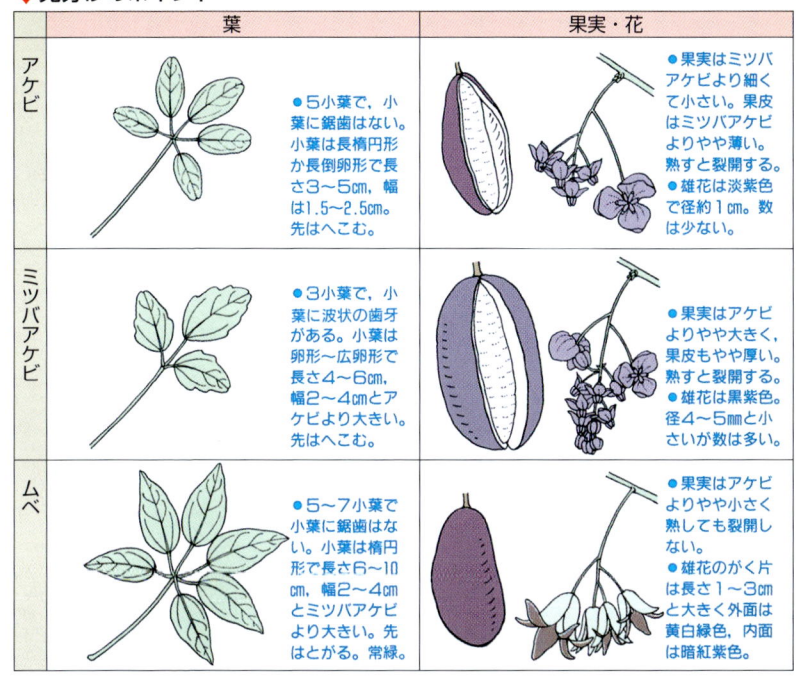

	葉		果実・花	
アケビ		●5小葉で，小葉に鋸歯はない。小葉は長楕円形か長倒卵形で長さ3～5cm，幅は1.5～2.5cm。先はへこむ。		●果実はミツバアケビより細くて小さい。果皮はミツバアケビよりやや薄い。熟すと裂開する。●雄花は淡紫色で径約1cm。数は少ない。
ミツバアケビ		●3小葉で，小葉に波状の歯牙がある。小葉は卵形～広卵形で長さ4～6cm，幅2～4cmとアケビより大きい。先はへこむ。		●果実はアケビよりやや大きく，果皮もやや厚い。熟すと裂開する。●雄花は黒紫色。径4～5mmと小さいが数は多い。
ムベ		●5～7小葉で小葉に鋸歯はない。小葉は楕円形で長さ6～10cm，幅2～4cmとミツバアケビより大きい。先はとがる。常緑。		●果実はアケビよりやや小さく熟しても裂開しない。●雄花のがく片は長さ1～3cmと大きく外面は黄白緑色，内面は暗紅紫色。

↓アケビの花（4.21）　　　↓ムベの花（4.27）

秋の樹木　269

木の情景 ヤドリギ（宿り木）　ケヤキ、クリ、ブナなどの落葉樹の枝に寄生し養分をもらう。宿主が落葉するとヤドリギが目立つ。ヤドリギ科の常緑小低木（群馬県長野原町　12.28）

アカガシ／ツクバネガシ

ブナ科

アカガシの葉はふつう鋸歯がなく、ツクバネガシは上部に浅い鋸歯がある

アカガシ（赤樫）
花期・4〜5月／果期・10〜11月
●葉は互生し、8〜15対の側脈が目立つ。堅果は長さ2cmほどの楕円形、殻斗は椀形、6〜7個の横環と短毛がある。高さ約20m。●宮城県以南〜九州の山地に生える常緑高木。和名は材が赤いため。別名オオガシ、オオバガシ。

ツクバネガシ（衝羽根樫）
花期・4〜5月／果期・10〜11月
●葉はアカガシより幅が狭く葉柄が短い。堅果は長さ約1.5cmの楕円形で殻斗に6〜7個の横環があり短毛が密生。高さ約20m。●宮城県以南〜九州の山地に生える常緑高木。和名は葉の姿から羽根つき用の羽根を連想。

◆**見分けのポイント**

アカガシ
●葉は卵状楕円形または長楕円形で裏面は緑色。長さ8〜15cm、幅3〜7cm。ふつう鋸歯はない。葉柄は長さ2〜4cm。

ツクバネガシ
●葉は長楕円状倒披針形で裏面は淡緑色。長さ5〜12cm、幅3〜4cm。ふつう上縁に低い鋸歯がある。葉柄は長さ0.4〜1.2cm。

秋の樹木

シラカシ／ウラジロガシ／アラカシ／ウバメガシ／イチイガシ

シラカシは葉の裏が淡緑色、ウラジロガシは粉白色、アラカシの葉はかたくて鋸歯が最も鋭い

ブナ科

シラカシ（白樫）
花期・4〜5月／果期・10〜11月
●樹皮はなめらかで緑色をおびた黒灰色。葉は互生し裏面は淡緑色。本年枝に雄花序と雌花序をつける。堅果は長さ約1.5cm。殻斗は浅い椀形で6〜7個の横環があり無毛。高さ約20m。●福島県以南〜九州の山地に生える常緑高木。和名は材が白いカシの意。

ウラジロガシ（裏白樫）
花期・4〜5月／果期・10〜12月
●樹皮はなめらかで灰色。葉は互生し、主脈がへこんで裏面は粉白色になる。堅果は長さ1.5〜2cmの卵形または楕円形で、殻斗に6〜7個の横環があり多毛。高さ約20m。●宮城県以南〜沖縄の山地に生える常緑高木。和名は葉の裏が白いカシの意。

アラカシ（粗樫）
花期・4〜5月／果期・10〜11月
●樹皮はあらく緑色をおびた暗灰色。葉は互生し裏面に伏せ毛が密生する。堅果は長さ1.5〜2cmの楕円形で、殻斗の横環は6〜7個、微毛がある。高さ約20m。●宮城、石川県以南〜沖縄の山野に生える常緑高木。和名は枝葉があらあらしくかたいことから。

◆ 見分けのポイント

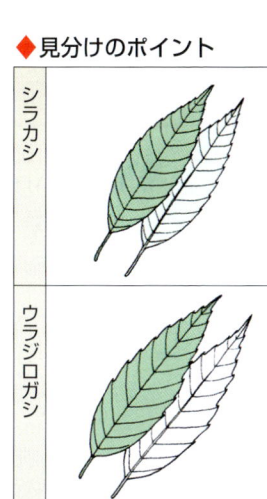

シラカシ		●披針形または長楕円状披針形で裏面は淡緑色。上半部にあらい鋸歯がある。長さ5〜12cm、幅2〜3cm。先は鋭くとがる。
ウラジロガシ		●披針形または広披針形で裏面は著しく白い。上半部に鋭い鋸歯があり、上半部が波状になることが多い。長さ9〜15cm、幅2.5〜4cm。
アラカシ		●倒卵状長楕円形〜長楕円形。裏面は灰白色で伏せ毛が密生。上半部に大きく鋭い鋸歯がある。長さ5〜13cm、幅2.5〜6cm。

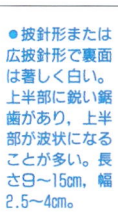

↑シラカシの新芽　いっせいに赤褐色の新芽を出す（5.13）

● 似ている種類

ウバメガシ（姥目樫）
花期・4〜5月／果期・10〜11月
●左の3種の殻斗は総苞片が環をつくるが、本種は総苞片が瓦状に重なる。●房総半島以西〜沖縄の太平洋側に自生する常緑小高木。

イチイガシ（一位樫）
花期・4〜5月／果期・10〜11月
●大木では高さ30m、幹の直径2mにもなり、寺や神社に多い。葉の鋸歯は鋭い。●関東南部〜四国、九州の山地に生える常緑高木。

秋の樹木　273

ブナ／イヌブナ

ブナ科

ブナの果実は柄が短くて上向き、イヌブナの果実は長い柄で垂れる

ブナ（橅）
花期・5月／果期・9〜11月

●幹は直立し、樹皮は白っぽくなめらか。葉は互生。雌花は淡黄色で柄は短く、毛がある。堅果は3稜のある卵形で、やわらかいとげ状の殻斗に包まれ、熟すと4個に裂ける。高さ約30m。

●北海道渡島半島以南〜九州の山地に生える落葉高木。イヌブナより高所に多い。ブナの大群落がある白神山地は世界遺産。果実は食べられる。別名シロブナ、ソバグリ。

イヌブナ（犬橅）
花期・4〜5月／果期・10〜11月

●樹皮は黒っぽく、根もとからひこばえが出ることが多い。葉は互生。雌花は淡黄色で柄は長く、毛はない。堅果は3稜のある円錐形で裸出し、基部に浅い殻斗がある。ブナの殻斗のようなとげはない。高さ20〜25m。

●本州、四国、九州の太平洋側の山地に多い落葉高木。和名はブナより材が劣ることによる。また樹皮が白いブナ（シロブナ）に対して別名クロブナ。

◆見分けのポイント

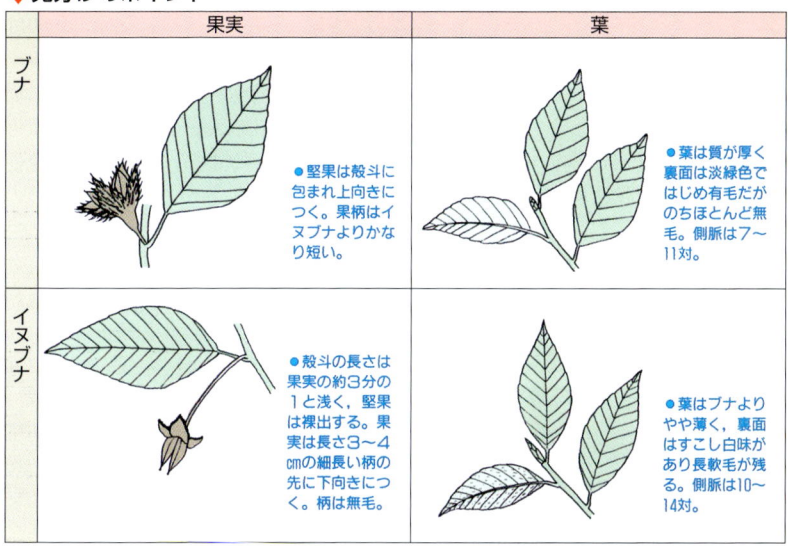

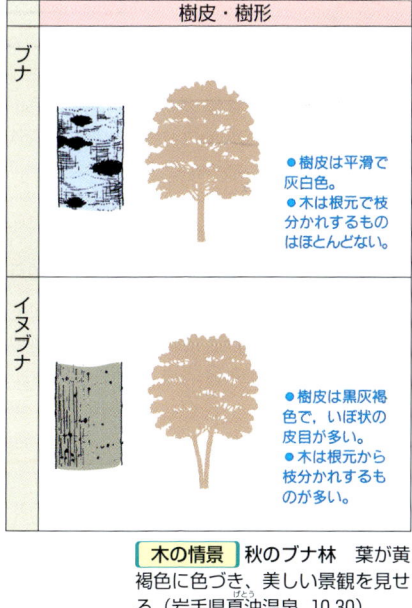

	果実	葉
ブナ		●堅果は殻斗に包まれ上向きにつく。果柄はイヌブナよりかなり短い。 / ●葉は質が厚く裏面は淡緑色ではじめ有毛だがのちほとんど無毛。側脈は7～11対。
イヌブナ		●殻斗の長さは果実の約3分の1と浅く、堅果は裸出する。果実は長さ3～4cmの細長い柄の先に下向きにつく。柄は無毛。 / ●葉はブナよりやや薄く、裏面はすこし白味があり長軟毛が残る。側脈は10～14対。

	樹皮・樹形
ブナ	●樹皮は平滑で灰白色。 ●木は根元で枝分かれするものはほとんどない。
イヌブナ	●樹皮は黒灰褐色で、いぼ状の皮目が多い。 ●木は根元から枝分かれするものが多い。

[木の情景] 秋のブナ林 葉が黄褐色に色づき、美しい景観を見せる(岩手県夏油温泉 10.30)

クヌギ／アベマキ／クリ

クヌギの堅果は長い鱗片の殻斗に包まれ、アベマキは殻斗が浅く、クリの殻斗は鋭いイガ

ブナ科

クヌギ（櫟、椚、橡）
花期・4～5月／果期・9～10月

●樹皮は灰褐色でコルク層が発達し、不規則に深く縦に裂ける。葉は互生し縁に針状の鋸歯がある。黄褐色の雄花穂が垂れ下がり、雌花は上部の葉のわきに1～3個つく。堅果には長い鱗片が密生。高さ約15m。●本州、四国、九州の山地に生える落葉高木。

アベマキ（橒）
花期・4～5月／果期・9～10月

●樹皮は灰黒色で縦に深く裂け、コルク層が発達。葉の裏面は星状毛が密生し灰白色。雄花は穂状、雌花は単生。堅果の殻斗は浅い。高さ約20m。●山形県以南～九州の山地に生える落葉高木。和名のアベはアバタの意味で樹皮の形状による。別名コルククヌギ。

クリ（栗）
花期・6～7月／果期・9～10月

●葉は互生し裏面は淡緑色。針状の鋸歯は先端まで緑色。黄色の長い雄花穂が上向きにつき、基部に雌花がつく。堅果は2～3個が鋭いイガに包まれる。高さ15～20m。●北海道西南部～九州の山地に生える落葉高木。食用の栽培は多い。別名シバグリ。

◆ 見分けのポイント

クヌギ

葉

堅果

- 葉は裏面が緑色で無毛かあるいは微毛。鋸歯の先は白っぽい。葉身は長楕円状披針形で左右不対称。長さ7～15cm、幅2～4cm。
- 堅果は径約2cmで下半部が椀形の殻斗に包まれる。

木の情景 春のクヌギ林 新芽が出る前の林（東京都清瀬市 4.1）

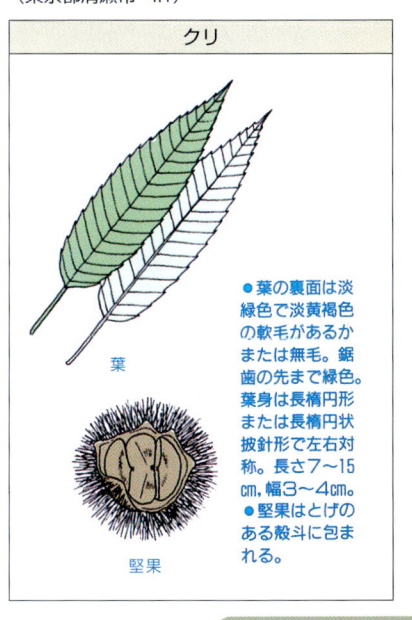

アベマキ

葉

堅果

- 葉は裏面に星状毛が密生し灰白色。鋸歯は針状。葉身は長楕円形または長楕円状披針形で左右対称。長さ7～15cm、幅3～5cm。
- 堅果は径1.5～2cmで殻斗は浅い。

クリ

葉

堅果

- 葉の裏面は淡緑色で淡黄褐色の軟毛があるかまたは無毛。鋸歯の先まで緑色。葉身は長楕円形または長楕円状披針形で左右対称。長さ7～15cm、幅3～4cm。
- 堅果はとげのある殻斗に包まれる。

秋の樹木

ツブラジイ／スダジイ

ブナ科

堅果がまるいツブラジイ、スダジイはやや細長くて先がとがる

ツブラジイ（円椎）
花期・5〜6月／果期・9〜11月
●樹皮はなめらかで、葉は互生。花は淡黄色で雌雄同株。堅果は殻斗に包まれるが、成熟すると裂けて裸出する。高さ約25m。●関東以西〜沖縄の山地に生える常緑高木。果実は食用。和名は果実がまるいから。別名コジイ。

スダジイ（すだ椎）
花期・5〜6月／果期・9〜11月
●ツブラジイの変種。樹皮は黒褐色で縦に裂ける。葉はツブラジイより大形で質は厚い。花は淡黄色。堅果は円錐状の卵形。高さ20〜25m。●福島、新潟県〜沖縄の山地に生える常緑高木。果実は食用。別名イタジイ、ナガジイ。

◆見分けのポイント

ツブラジイ
●堅果はほぼ球形で長さ0.8〜1cm。
●葉は卵状長楕円形または卵形で長さ4〜10cm、幅2〜3cm。スダジイより質が薄い。裏面は灰褐色。

スダジイ
●堅果は円錐状卵形で長さ約1.5cm。先はとがる。
●葉は広楕円形で長さ6〜15cm、幅3〜4cm。質は厚い。裏面は淡褐色。

木の情景 ミズナラ林の秋　夏の豊かな緑とはまた別の風情がある（栃木県奥日光　10.25）

カシワ／ミズナラ／コナラ

カシワは殻斗の鱗片が反り返り、ミズナラの殻斗には外側につぶ状の突起がある

カシワ（柏、槲）
花期・5～6月／果期・9～11月

●樹皮は黒褐色で厚く、縦に裂ける。葉は枝先に集まり、質が厚く裏面はやや灰白色。ミズナラやコナラ（右ページ）の葉よりかなり大きい。花は淡緑色。堅果（けんか）は卵状球形で殻斗（かくと）に鱗片（りんぺん）が密生し、反り返る。高さ10～15m。

●北海道～九州の山地に自生する落葉高木。人家や校庭などに多く植栽される。樹皮は染料。葉はかしわもちを包むことでおなじみ。

ミズナラ（水楢）
花期・5月／果期・9～10月

●樹皮は黒褐色で縦に不規則な割れ目が入る。葉は枝先に集まって互生（ごせい）、カシワより小形で質は薄く鮮やかな緑色、裏面は淡黄色。花は淡緑色。堅果は細長く、殻斗の毛は少ない。高さ20～25m。

●北海道～九州の山地に自生する落葉高木。ブナ林とともに日本の山地帯の代表種。和名は材に水分が多いことによる。別名はコナラに対してオオナラ。

ブナ科

◆見分けのポイント

	葉		果実	
カシワ		 ●倒卵状長楕円形で長さ10～30cm、幅6～18cm。縁に深い波状鋸歯がある。葉柄はごく短い。裏面に短毛と星状毛が密生し、やや灰白色。小腺点がある。		 ●堅果は卵状球形で長さ1.5～2cm。殻斗は半分以上堅果を包む。鱗片はそり返る。
ミズナラ		 ●倒卵状長楕円形で長さ7～15cm、幅5～8cm。鋸歯は大きな三角状で単鋸歯または重鋸歯。葉柄はほとんどない。裏面は緑色で脈上のみ有毛。		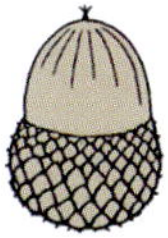 ●堅果は長楕円形または卵状楕円形で長さ2～3cm。殻斗の外面にまるい突起があり微毛が生える。

●似ている種類

コナラ（小楢）
花期・4～5月／果期・9～10月

●雑木林を構成する木の代表。ミズナラより低いところに自生する。堅果は円柱状の長楕円形で左の2種より細身、基部を浅い椀形の殻斗が包む。高さ15～20m。
●北海道～九州の山地や丘陵地に多い落葉高木。

木の情景　冬のカシワ林（東京都陣場山頂 2.5）

アカシデ／イヌシデ／クマシデ／サワシバ

アカシデの果苞は両側に小裂片が出るが、イヌシデは片側にのみ鋸歯、クマシデの果苞は内側に巻きこむ

アカシデ（赤四手）
花期・4〜5月／果期・8〜10月

●葉は互生し3種のうちで最小。春は赤い若葉が目立ち、秋には紅葉する。雄花序は前年枝から垂れ、雌花序は本年枝の先に出る。果穂に葉状の果苞がつき、両側に小裂片が出る。高さ約15m。●北海道〜九州の山野に生える落葉高木。別名シデノキ、ソロ。

イヌシデ（犬四手）
花期・4〜5月／果期・9〜10月

●全体がアカシデより大きく若枝や葉に毛が多い。葉は互生し不規則な重鋸歯がある。果苞は葉状で片側のみに鋸歯がある。雄花序は前年枝から垂れ下がり、雌花序は本年枝につく。高さ約20m。●本州、四国、九州の山地に生える落葉高木。別名シロシデ。

クマシデ（熊四手）
花期・4月ごろ／果期・9〜11月

●葉は互生し上の2種に比べて細長く、側脈は20〜24対と多い。雄花序は前年枝から垂れ、雌花序は本年枝につく。葉状の果苞を密につけ、縁が内側にやや巻きこむ。高さ約15m。●本州、四国、九州の山地に生える落葉高木。和名は果実の形状に由来。

カバノキ科

◆見分けのポイント

	葉		果実	
アカシデ		●卵形または卵状楕円形で長さ3〜7cm、幅2〜3.5cm。葉柄は赤味をおびる。側脈は7〜15対。こまかい重鋸歯がある。		●果苞は扁平で両側に小裂片が出る。長さ1〜1.8cm。 ●果穂の長さは5〜6cm。イヌシデよりやや小さい。
イヌシデ		●卵形または卵状楕円形で長さ4〜8cm、幅2〜4cm。葉柄に赤味はない。側脈は12〜15対。不規則な重鋸歯がある。脈上に毛が多い。		●果苞は扁平で片側にのみ鋸歯がある。長さ2〜2.5cm。 ●果穂は長さ4〜8cm。アカシデよりやや大きい。
クマシデ		●長楕円形または披針状楕円形で長さ5〜10cm、幅2〜4cm。葉柄に赤味はない。側脈は20〜24対。重鋸歯の先はノギ状に長い。		●果苞は狭卵形で4〜6個の鋭鋸歯があり、縁が内側にすこし巻きこむ。有毛。長さ1.5〜2.2cm。 ●果穂は長さ5〜10cmで果柄は有毛。

●似ている種類

サワシバ（沢柴）
花期・4〜5月／果期・8〜10月
●左の3種と異なり、葉の基部は深い心形。果苞は卵形で毛はない。高さ約15m。●北海道〜九州に分布する落葉高木。別名サワシデ。

[木の情景] アカシデの紅葉（東京都秋川丘陵 11.11）

センリョウ／マンリョウ

センリョウ科／ヤブコウジ科

センリョウの果実は上向きにつき、マンリョウの果実は下向きにつく

センリョウ（千両）
花期・6～7月／果期・10～3月
●葉は対生し、長楕円形で上半部にあらい鋸歯がある。穂状花序に黄緑色の小さい花をつける。果実は枝先に集まり上向きにつく。高さ50～80cm。●関東南部～沖縄の林内に生える常緑小低木。正月用に切り花や鉢植えにする。

マンリョウ（万両）
花期・7月／果期・11～4月
●葉は互生し、長楕円形で縁に波状の鋸歯がある。小枝の先に径約8mmの白花を散房状につける。果実は小枝の先に下向きにつく。高さ0.3～1m。●関東以西～沖縄の山地の林内に生える常緑小低木。庭木、鉢植えなども多い。

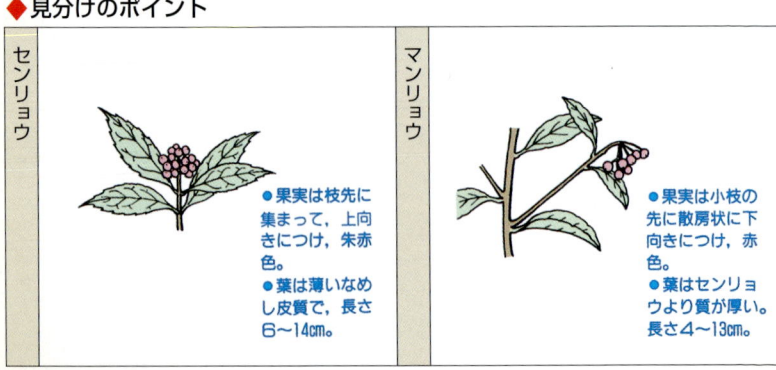

◆見分けのポイント

センリョウ
●果実は枝先に集まって、上向きにつけ、朱赤色。
●葉は薄いなめし皮質で、長さ6～14cm。

マンリョウ
●果実は小枝の先に散房状に下向きにつけ、赤色。
●葉はセンリョウより質が厚い。長さ4～13cm。

木の情景 昼間でも薄暗い神社の森で、赤い実をつけて群生するセンリョウ 茎が緑色を残したまま冬を越す(静岡県伊東市八幡野八幡宮来宮神社 11.28)

ヤブコウジ／ツルコウジ

ヤブコウジ科

葉が大きく毛が少ないヤブコウジ、ツルコウジの葉はずっと小さくて軟毛が多い

ヤブコウジ（藪柑子）
花期・7〜8月／果期・10〜1月
●花柄、茎、葉柄に突起毛はあるが、全体にツルコウジのような褐色の軟毛はない。葉はふつう3〜4枚が輪生状に互生。花は白色。果実は球形で赤く熟す。高さ10〜20cm。●北海道南部〜九州の山地の林内に生える常緑小低木。

ツルコウジ（蔓柑子）
花期・5〜6月／果期・11〜2月
●全体に褐色の軟毛が生え、葉はヤブコウジより小形で2〜3枚が輪生状に互生。白色の花を下向きに開く。果実はヤブコウジよりやや小形で径約5mmの球形。高さ10〜15cm。●千葉県以西〜沖縄の林下に生える常緑小低木。

◆ 見分けのポイント

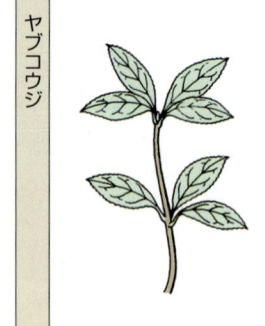

ヤブコウジ
●葉は長さ4〜13cmの長楕円形でツルコウジより大きい。光沢があり、中肋のみ有毛。鋸歯はこまかい。
●茎はほとんど無毛。

ツルコウジ
●葉は長さ2〜6cmの卵形〜長楕円形でヤブコウジよりやや小さい。光沢はなく、両面に軟毛が多い。鋸歯はあらい。
●茎に褐色の軟毛がある。

ハナイカダ／ナギイカダ

ミズキ科／ユリ科

葉の上に黒い果実のハナイカダ、ナギイカダは葉状枝に赤い果実

ハナイカダ（花筏）

花期・5～6月／果期・8～10月

●葉は互生し表面の主脈中央に淡緑色の4弁花を開く。雌雄異株。果実は黒く熟す。高さ1～2m。●日本各地の山地に生える落葉低木。若葉は食用。和名は花を乗せた葉を筏にたとえたもの。別名ママッコ、ヨメノナミダ。

ナギイカダ（梛筏）

花期・3～5月／果期・10月～翌春

●葉に見えるのは葉状枝、質が厚く濃緑色。そのわきに鱗片状の葉がある。花は緑白色で雌雄異株。果実は赤く熟す。高さ20～90cm。●ヨーロッパ原産の常緑小低木。和名は葉状枝がナギに似て、花を乗せた筏に見立てたもの。

◆ 見分けのポイント

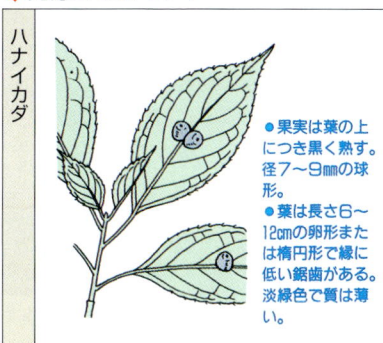

ハナイカダ
●果実は葉の上につき黒く熟す。径7～9mmの球形。
●葉は長さ6～12cmの卵形または楕円形で縁に低い鋸歯がある。淡緑色で質は薄い。

ナギイカダ
葉状枝
●果実は葉状枝の上につき赤く熟す。径8～10mmの球形。
●葉状枝は長さ1.5～3.5cmの卵形で全縁。先は鋭くとがる。濃緑色で厚い革質。

秋の樹木 287

[木の情景] **ヒカゲヘゴ** 亜熱帯性気候の湿度が高い林内や水辺に生育する木生のシダ。奄美大島以南の南西諸島に分布するヘゴ科の常緑小高木（沖縄市 4.5）

針葉樹
(裸子植物)

縄文杉

ヒノキ／サワラ

ヒノキ科

鱗状葉の先がとがらないヒノキ、サワラは葉先がとがりチクチクする

ヒノキ（檜）
花期・4月／果期・10～11月

●幹は直立し、樹皮は赤褐色で灰色をおびるものもある。葉は鱗状で交互に対生し、表面は濃緑色で光沢がある。裏面に白い気孔線があり、Y字形になる。雌雄同株。雄花は長さ2～3㎜の広楕円形で紫褐色。雌花は径3～5㎜の球形。高さ20～30m。●福島県以南～九州に自生する常緑針葉高木。高級建築材になる。和名は「火の木」から。昔この木で火をおこしたことに由来。

サワラ（椹）
花期・4月／果期・10月ごろ

●幹は直立し、樹皮はやや灰色をおびた赤褐色。葉は交互に対生し、鱗状葉の表面は薄緑色で光沢はない。葉先はとがり、さわると刺激を感じる。裏面の白い気孔線はヒノキのようにY字形にならない。雌雄同株。雄花は楕円形、径2～3㎜で紫褐色、黄色の花粉を出す。雌花は球形。高さ30～40m。●岩手県以南～九州の山地に生える常緑針葉高木。材は水湿に強い。

◆見分けのポイント

	葉・樹形	果実
ヒノキ	●鱗状葉の先はとがらない。裏面の白色気孔線はY字形になる。 ●樹冠は密で卵形〜円錐形。大木では先端がややまるくなる。	球果 ●球果は10〜11月に赤褐色に熟す。 ●球形でサワラより大きい。熟すと赤褐色になる。種鱗の中心はとがる。
サワラ	●鱗状葉の先はとがる。裏面の白色気孔線は広く大きい。ときにX字形になる。 ●樹冠はすき間の多い円錐形で大木でも先端はややとがる。	球果 ●球果は10月に熟す。 ●球形でヒノキより小さい。熟すと黄褐色になる。種鱗の中央は杯状にへこむ。

↓ヒノキの樹皮（上）とサワラの樹皮（下）

↓ヒノキの雄花（上）と雌花（下）

針葉樹

木の群落 木曽のヒノキ林　日本の三大美林の一つ。ここのヒノキは植林ではなく天然更新によるものとされる。江戸時代から保護され、現在に至っている（長野県上松町　10.27）

アスナロ／クロベ

ヒノキ科

アスナロの球果はまるくて種鱗の先が反り返り、クロベは楕円形でずっと小さい

アスナロ（翌檜）
花期・4～5月／果期・10～11月
●樹形は円錐形または鐘形。葉は鱗片状で対生しクロベより大きい。雄花は青緑色、雌花は淡紅緑色で枝先に単生。雌雄同株。球果の種鱗の先はかぎ形。高さ30～40m。●本州、四国、九州の山地に自生する日本特産の常緑高木。

クロベ（黒部）
花期・5月／果期・10～11月
●樹形は円錐形または鐘形。鱗片葉は濃緑色でアスナロより小さく、交互に対生する。雌花も雄花も藍色で枝先に単生。雌雄同株。球果は楕円形。高さ25～30m。●本州と四国の山地に生える日本特産の常緑高木。別名ネズコ。

◆見分けのポイント

アスナロ
球果の径1.1～1.6cm
- 球果はほぼ球形。種鱗の先は突起し、かぎ形にそり返る。
- 鱗片葉はやや薄く幅は4～8mmと広い。裏面は白みが強い。

クロベ
球果の径0.4～0.5cm
- 球果は楕円形～卵円形で小さい。
- 鱗片葉の幅は2～3mmと狭い。裏面に白条がある。

針葉樹

イブキ／カイヅカイブキ　　　　　　　　　　　ヒノキ科

イブキの枝はねじれずに斜上、カイヅカイブキはらせん状に幹に巻きつく

イブキ（伊吹）
花期・4～5月／果期・10月ごろ

●枝は斜上し樹形は円錐形。雌雄異株で花は枝先につく。葉は鱗片葉に先のとがった針状葉が混じる。球果は肉質で球形。高さ約25m。●本州～沖縄の海岸近くに生える常緑高木。和名は伊吹山に多いため。別名ビャクシン。

カイヅカイブキ（貝塚伊吹）
花期・4～5月／果期・10月ごろ

●側枝がらせん状にねじれて独特な樹形になる。葉はふつう鱗片葉でイブキより太い。雌雄異株。花は枝先につき雄花は茶褐色、雌花は白色。球果は扁球形。高さ6～7m。●イブキの園芸品種。植栽は北海道南部～九州。

◆見分けのポイント

イブキ　鱗片葉　針状葉　球果　樹形
- 葉は鱗片葉と針状葉の2形が混じる。
- 球果は球形、黒く熟し白粉をかぶる。
- 樹形は円錐形。枝はねじれずに斜上。

カイヅカイブキ　鱗片葉　針状葉　球果　樹形
- 葉はふつう鱗片葉だが、ときに針状葉が出る。イブキより太い。
- 球果は扁球形、黒く熟し白粉をかぶる。
- 枝はらせん状にねじれて、幹に巻きつく。

木の情景 ハイネズ（這杜松） 砂浜に生え、茎が地面をはい、枝分かれして大群落をつくる。球果（下）は淡緑色から黒紫色に熟す。ヒノキ科の常緑針葉小低木（茨城県波崎町 5.16）

ラクウショウ／メタセコイア　　　スギ科

ラクウショウは枝と葉が互生し、メタセコイアは対生につく

ラクウショウ（落羽松）
花期・4月／果期・10～11月
- 葉は線状披針形で互生。根は水中や湿地の木では、膝とよばれる呼吸根を出し板根となる。果実は秋に熟すが多くは種子ができない。高さ20～30m。
- 北アメリカ東南部、メキシコ原産の落葉針葉高木。別名ヌマスギ。

メタセコイア
花期・2～3月／果期・10～11月
- 葉は線形で対生し、秋に橙赤色になり小枝とともに落ちる。板根は発達するが呼吸根は出ない。果実は秋に熟し、種子は倒卵形で翼がある。高さ25～30m。
- 中国原産の落葉針葉高木。生きた化石とされる。別名アケボノスギ。

◆見分けのポイント

ラクウショウ
- 葉は2列に並び互生。枝も互生につく。
- 葉の幅約1mmと細い。長さ10～17mm。
- 球果は球形で、径2～3cm。

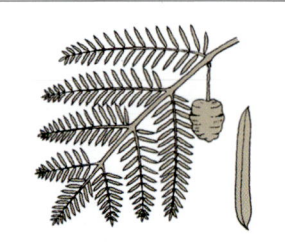

メタセコイア
- 葉は2列に並び対生。枝も対生につく。
- 葉の幅はラクウショウよりやや太い。
- 球果は短い円柱形で、径1.5～2.5cm。

| 木の情景 | 芽吹きのラクウショウ（杉並区善福寺公園 5.2）と呼吸根（円内、新宿御苑 2.9）

[木の情景] 北山杉の美林　整然としたこの林は名木をつくるために育成されたもの。分類上ではキタヤマダイスギとされ、スギの変種アシウスギの一系統（京都市北区　8.5）

木の情景 スギ(杉)

日本の特産種。高さ30〜40m、大きな木は65mにも達する。天然記念物の原生林、並木、巨樹名木は多い。日本で最も有用な木とされ、植林の歴史は古く、現在、全植林面積の約4割をスギが占めて第1位。下北半島〜屋久島に自生するスギ科の常緑針葉高木。

↑スギの実生(みしょう)(7.28)　↑うっそうとしたスギの天然林(青森県碇ケ関(いかりがせき) 8.21)
↓スギの雄花と球果(2.25)　　↓スギの雌花(3.18)

針葉樹　299

アカマツ／クロマツ

アカマツは樹皮が赤褐色、クロマツの樹皮は灰黒色で葉が太く長い

アカマツ（赤松）
花期・4～5月／果期・翌年10月ごろ

●幹は直立し、樹皮は赤褐色。針状の葉が2本ずつつく。雄花は緑色がかった黄褐色で長さ約1cm、本年枝の下部に多数つき、雌花は紅紫色で2～3個つく。雌雄同株。球果は淡黄褐色に熟す。高さ30～35m。●北海道南西部～九州の山地に生える常緑針葉高木。植栽も多い。樹脂はテレピン油やワニスの原料。オマツ（クロマツ）に対し、別名メマツ。

クロマツ（黒松）
花期・4～5月／果期・翌年10月ごろ

●幹は直立し、樹皮は灰黒色。葉は針状で2本ずつつき濃緑色、アカマツより太くて長い。雄花は黄色で本年枝の下部に多数つき、雌花は紫紅色で枝先に1～3個つく。雌雄同株。球果は卵状円錐形で淡褐色に熟す。高さ30～40m。●本州～沖縄のおもに海岸沿いの山野に自生する常緑針葉高木。植栽も多い。樹脂をテレピン油などにする。別名オマツ。

マツ科

◆ 見分けのポイント

	樹皮	葉	
アカマツ			● 樹皮は赤褐色。 ● 冬芽の鱗片は赤褐色でそり返る。 ● 葉はクロマツよりやわらかくて細く、緑色でやや白みがある。長さ7〜12cm。太さ約1mm。
クロマツ			● 樹皮は灰黒色。 ● 冬芽の鱗片は長く、白色または灰白色。先はそり返らない。 ● 葉は濃緑色でアカマツより長く太い。長さ5〜15cm。太さ約1.5mm。

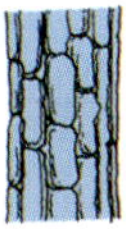

↓アカマツの樹皮

↑アカマツの芽吹き

↑クロマツの雌花
↓クロマツの樹皮

針葉樹

ヒメコマツ／キタゴヨウマツ

ヒメコマツの球果は小形でまるみがあり、キタゴヨウマツの球果は大形で熟すと種鱗が裂開する

ヒメコマツ（姫小松）
花期・5～6月／果期・翌年10月ごろ

●幹は直立し、樹皮はやや黒みがかった灰色。葉は長さ2～6cmの針状で、短い枝に5個ずつ束生(ゆうどうしゅ)する。雌雄同株で本年枝の先に紫紅色の雌花、下部に黄色の雄花がつく。高さ20～30m。●東北地方東南部～九州の山地に自生する常緑針葉高木。植栽も多い。和名は小さい花の意味。また、葉が5本ずつつくことからゴヨウマツ（五葉松）ともよばれる。

キタゴヨウマツ（北五葉松）
花期・5～6月／果期・翌年10月ごろ

●ヒメコマツの北方型。幹は直立し、樹皮は暗灰色。葉は針状で長さ3～8cmとヒメコマツよりやや長く、幅も広い。雌雄同株で、花色はヒメコマツとほぼ同じ。球果は卵状楕円形(じょうだえんけい)で、熟すとすべての種鱗(しゅりん)が開いて反り返る。高さ20～30m。●北海道～中部地方の山地に自生する常緑針葉高木。植栽もされる。和名は北日本に生え、五本ずつ葉がつくことから。

マツ科

針葉樹

◆見分けのポイント

	球果	葉・冬芽
ヒメコマツ	種子の翼／種子 ●一般にキタゴヨウマツより小形でまるく長さ4〜7cm、径2.5〜3.5cm。熟してもあまり裂開しない。種子の翼は種子より短く、質は薄くもろい。	●葉はキタゴヨウマツより短く、質はやわらかで白みは薄い。●冬芽の先はとがる。
キタゴヨウマツ	種子の翼／種子 ●ヒメコマツより大形で長さ5〜10cm、径3〜4cm。熟すと著しく裂開する。種子の翼は種子より長く質は硬い。	●葉はヒメコマツより長く、質は硬くて白みが強い。●冬芽は卵形で先端はまるい。

↓ヒメコマツの花（5.10）

↓キタゴヨウマツの花（6.26）

針葉樹　303

木の情景 ヒマラヤシーダー　ヒマラヤスギともよばれる。世界各地で植栽。ヒマラヤ北西部～アフガニスタン原産のマツ科の常緑針葉高木（東京都新宿御苑　5.16、円内は雄花　11.9）

木の情景 ハイマツ（這い松）　北アルプス燕岳のハイマツ群落。向こうは槍ケ岳。北海道〜中部地方の高山帯に分布し、地面をはって群生するマツ科の常緑針葉低木（燕岳 8.3）

エゾマツ／アカエゾマツ／トウヒ

エゾマツの球果は淡黄褐色で種鱗のすき間が大、アカエゾマツは暗紫色で種鱗は密、トウヒの球果は小さい

エゾマツ（蝦夷松）
花期・6月／果期・9〜10月
●樹形は円錐形。枝は下垂するか水平に開き、樹皮は黒みがかった褐色の鱗片状で深く裂ける。葉はらせん状につき、表面は濃緑色で裏面は白っぽい。雄花は紅色、雌花は紅紫色。冬芽は円錐形で先がとがる。高さ20〜30m。●北海道に自生する常緑針葉高木。

アカエゾマツ（赤蝦夷松）
花期・5〜6月／果期・9〜10月
●枝は水平またはやや垂れて長い円錐形の樹形になる。樹皮は赤褐色で鱗片状。葉は3種の中で最小。雄花は帯紅色で雌花は紫紅色。冬芽は卵状円錐形で基部はふくらむ。高さ30〜40m。●北海道と岩手県早池峰山に生える常緑針葉高木。和名は樹皮の色から。

トウヒ（唐檜）
花期・5〜6月／果期・10月ごろ
●樹皮は赤褐色または灰褐色で、樹形は広い円錐形。葉はエゾマツより短い。雌雄同株で、黄褐色の雄花と、緑色の雌花とがつく。冬芽は円錐形で先はとがらない。高さ20〜25m。●栃木県〜紀伊半島の深山に生える常緑針葉高木。和名は唐風のヒノキの意味。

マツ科

針葉樹

◆見分けのポイント

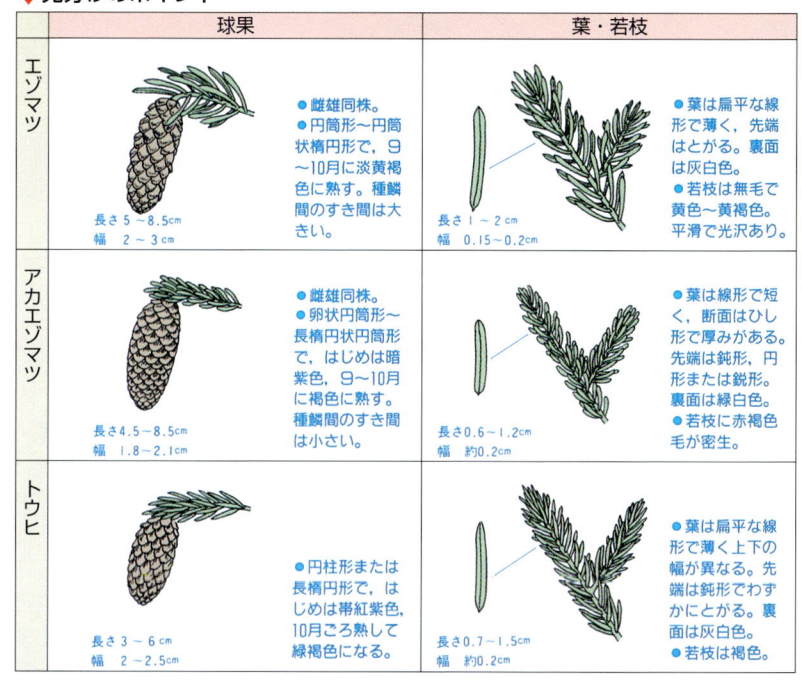

	球果	葉・若枝
エゾマツ	長さ5〜8.5cm 幅2〜3cm	●雌雄同株。●円筒形〜円筒状楕円形で、9〜10月に淡黄褐色に熟す。種鱗間のすき間は大きい。	長さ1〜2cm 幅0.15〜0.2cm	●葉は扁平な線形で薄く、先端はとがる。裏面は灰白色。●若枝は無毛で黄色〜黄褐色。平滑で光沢あり。
アカエゾマツ	長さ4.5〜8.5cm 幅1.8〜2.1cm	●雌雄同株。●卵状円筒形〜長楕円状円筒形で、はじめは暗紫色、9〜10月に褐色に熟す。種鱗間のすき間は小さい。	長さ0.6〜1.2cm 幅約0.2cm	●葉は線形で短く、断面はひし形で厚みがある。先端は鈍形、円形または鋭形。裏面は緑白色。●若枝に赤褐色毛が密生。
トウヒ	長さ3〜6cm 幅2〜2.5cm	●円柱形または長楕円形で、はじめは帯紅紫色、10月ごろ熟して緑褐色になる。	長さ0.7〜1.5cm 幅約0.2cm	●葉は扁平な線形で薄く上下の幅が異なる。先端は鈍形でわずかにとがる。裏面は灰白色。●若枝は褐色。

↓トウヒの樹形（北アルプス燕岳 8.4）

↓アカエゾマツの花（北海道利尻島 6.12）

針葉樹

シラビソ／オオシラビソ／トドマツ

シラビソの球果は小形で紫色が強く、オオシラビソは大形で藍色が強い

シラビソ（白檜曾）
花期・6月／果期・9～10月

●樹皮は灰白色～灰青色。本年枝に褐色毛が密生する。葉は線形で2列に並ぶ。雄花は多数垂れ、雌花は直立する。雌雄同株。高さ20～30m。●福島県～紀伊半島の亜高山帯に生える常緑針葉高木。日本特産種。和名は白いヒノキの意味で葉裏が白い。

オオシラビソ（大白檜曾）
花期・6月／果期・9～10月

●樹皮は灰白色～灰青紫色。本年枝に濃い赤褐色の毛が密生する。葉は密に互生し、枝の左右に出る葉と、それとほぼ直角に出る葉がある。雄花は黄色、雌花は青紫色で雌雄同株。高さ20～25m。●東北～中部地方の亜高山帯に生える常緑針葉高木。日本特産種。

トドマツ（椴松）
花期・6月／果期・9～10月

●樹皮は紫褐色または灰褐色でなめらか。葉は線形で3種の中で最長。雄花は淡紅色で密生し、雌花は淡紫色で単生する。苞鱗が褐色のものをアカトドマツ、緑色のものをアオトドマツとして区別する。高さ20～25m。●北海道の山野に生える常緑針葉高木。

マツ科

針葉樹

◆見分けのポイント

シラビソ

長さ 4～6.5cm
幅 2～2.5cm

- 球果は円柱形で暗青紫色。苞鱗は種鱗より長く外につき出る。
- 葉は線形。幅は上部がやや広く基部に向かってしだいに細くなる。先は凹頭。裏面は粉白色で気孔線が2本ある。古葉の裏面も白い。

長さ 1～2.5cm

木の情景 山腹のトドマツ（北海道十勝岳 7,11）

オオシラビソ

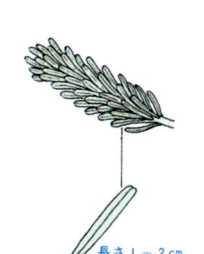

長さ 6～8cm
幅 3～3.5cm

- 球果は卵状円筒形で紫藍色。苞鱗は種鱗より短く外につき出ない。
- 葉は線形。幅は上部が広く下部は急に狭くなる。凹頭または円頭。裏面は白色の気孔線があり、はじめやや白いがのち緑となる。

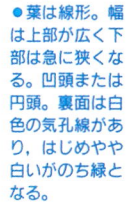

長さ 1～2cm

トドマツ

長さ 5～8.5cm
幅 2～2.5cm

- 球果は円柱形または楕円状円柱形で黒褐色～黒紺色。苞鱗は種鱗より長く外へつき出る。
- 葉は線形で長く、幅は上下ともほぼ同じ。先端の形は変化が多い。裏面に白色の気孔線が2本ある。

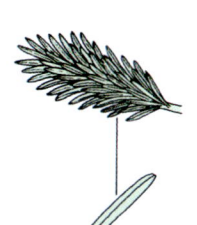

長さ 1.7～4cm

針葉樹

モミ／ウラジロモミ

マツ科

モミの球果は苞鱗が外に突き出るが、ウラジロモミは苞鱗が出ない

モミ（樅）
花期・5月／果期・10〜11月

●若木の樹形は円錐形、老木では広卵状の円錐形になる。樹皮は暗灰色。若い木の葉は先が割れてとがる。雄花は緑黄色で円柱形、雌花は黄色。雌雄同株。球果は長さ10〜15cmの大形の円柱形で、苞鱗は種鱗の間から突き出る。高さ20〜30m。
●秋田県以南〜九州の山地の谷間などに自生する常緑針葉高木。日本特産種。クリスマスツリーなどに利用。

ウラジロモミ（裏白樅）
花期・5〜6月／果期・10〜11月

●樹形は卵状円錐形で、モミは若枝に毛があるが、本種は無毛。葉先は若木でも割れない。雄花は黄色で円柱形、雌花は紫色。雌雄同株。球果の苞鱗は突き出ない。高さ20〜30m。●福島県南部〜紀伊半島、四国の亜高山地に自生する常緑針葉高木。日本特産種。和名は葉の裏が白いことから。クリスマスツリーなどに利用。別名ダケモミ、ニッコウモミ。

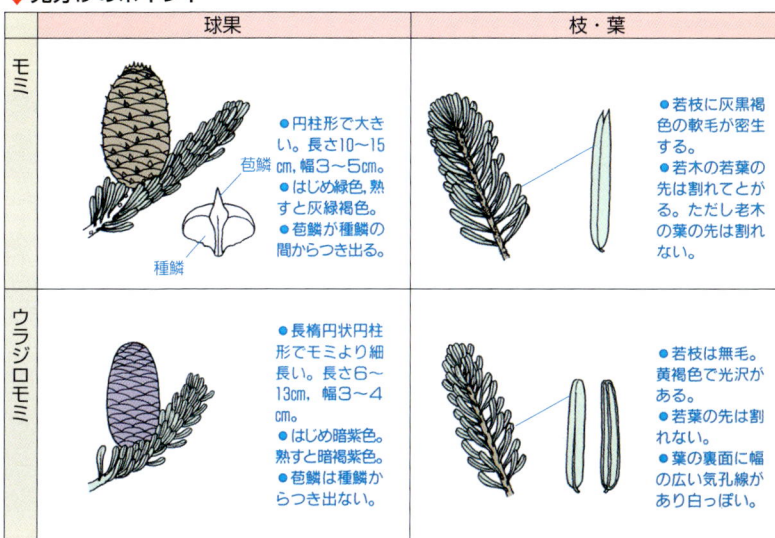

◆見分けのポイント

	球果	枝・葉
モミ	●円柱形で大きい。長さ10〜15cm,幅3〜5cm。 ●はじめ緑色,熟すと灰緑褐色。 ●苞鱗が種鱗の間からつき出る。 (苞鱗／種鱗)	●若枝に灰黒褐色の軟毛が密生する。 ●若木の若葉の先は割れてとがる。ただし老木の葉の先は割れない。
ウラジロモミ	●長楕円状円柱形でモミより細長い。長さ6〜13cm,幅3〜4cm。 ●はじめ暗紫色,熟すと暗褐紫色。 ●苞鱗が種鱗からつき出ない。	●若枝は無毛。黄褐色で光沢がある。 ●若葉の先は割れない。 ●葉の裏面に幅の広い気孔線があり白っぽい。

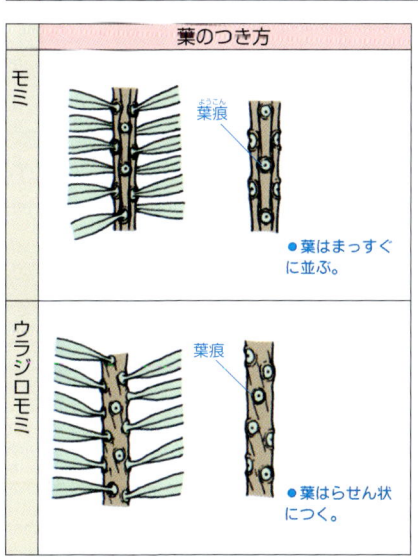

	葉のつき方
モミ	(葉痕(ようこん)) ●葉はまっすぐに並ぶ。
ウラジロモミ	(葉痕) ●葉はらせん状につく。

木の情景 春の山で芽吹きはじめたモミ（東京都高尾山 4.9）

針葉樹　311

ツガ／コメツガ

マツ科

ツガの球果は枝に対してうな垂れ、コメツガの球果は垂れない

ツガ（栂）
花期・3〜4月／果期・8〜10月
●樹形は傘形の円錐形か、つり鐘状。樹皮は赤褐色で縦に深く裂ける。球果は曲がった柄をもつ。葉は大小ふぞろいで裏面に2個の白い気孔線がある。高さ20〜25m。●福島県以南、四国、九州の山地に自生する常緑針葉高木。

コメツガ（米栂）
花期・6月／果期・8〜10月
●大木で樹形は円錐形。樹皮はツガのようには深く裂けず灰褐色。若枝に褐色毛がある。球果は柄がないか、短い柄がある。高さ20〜25m。●本州、四国、九州（祖母山）の亜高山帯に自生する日本特産の常緑針葉高木。

◆ **見分けのポイント**

ツガ	コメツガ
●球果は曲がった柄につき下垂する。 ●葉は線形で長さ7〜25mm、コメツガより長くふぞろい。 ●若枝は無毛で光沢がある。	●球果は無柄か短柄があり、垂れない。 ●葉は線形で長さ6〜15mm、ツガより短く、長さはそろう。 ●若枝に褐色の毛がある。

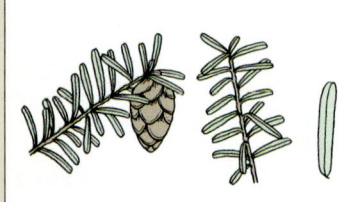

木の情景　カラマツ（唐松、落葉松）　落葉するマツ。芽吹きから夏への葉色の変化、晩秋の黄金色、冬の裸木群、いずれも美しい。円内は雌花。マツ科の落葉高木（岐阜県白川郷　11.7）

イヌマキ／ラカンマキ

マキ科

イヌマキの葉は大形で先が垂れがち、ラカンマキの葉は小形で先は垂れない

イヌマキ（犬槙）
花期・5〜6月／果期・9〜12月
- 葉は互生しラカンマキより大形で、葉先が垂れることが多い。雄花は黄白色、雌花は緑色。雌雄異株。果実は熟すと倒卵形の果托が赤紫色になる。高さ15〜20m。
- 関東地方〜沖縄の山地に自生する常緑針葉高木。別名マキ。

ラカンマキ（羅漢槙）
花期・5月／果期・9〜12月
- 葉はイヌマキより小形で白っぽく、葉先、枝は垂れない。果実はイヌマキよりやや小さく、果托は赤く熟す。種子は青緑色で白粉をかぶる。高さ5〜6m。
- 原産地不明。常緑針葉小高木。和名は種子から坊主頭の羅漢を連想。

◆見分けのポイント

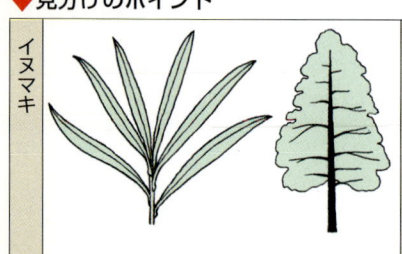

イヌマキ
- 葉は線形または披針形で、長さ10〜15cm、ラカンマキより大きい。葉先が垂れることが多い。白みはほとんどない。
- 下枝は斜めに垂れることがある。

ラカンマキ
- 葉はイヌマキより短く幅も狭い。長さ4〜8cm。密生して上向きとなり、葉先は垂れない。葉が白みがかる。
- 枝は上向きで垂れることはない。

針葉樹

イチイ／キャラボク

イチイ科

イチイは高木で葉が平らに並び、キャラボクは低木で葉は放射状につく

イチイ（一位）
花期・3～4月／果期・9～11月

●幹は直立する。葉は線形で羽状またはらせん状に互生し、2列に平らに並ぶ。雌雄異株。秋に雌花が熟すと仮種皮が赤くなり種子をおおう。高さ10～20m。●北海道～九州の山地に生える常緑針葉高木。別名アララギ、オンコ。

キャラボク（伽羅木）
花期・3～5月／果期・9～10月

●幹の下部からよく分枝して広がるが、高くはならない。雌雄異株で花、葉、果実ともイチイに似る。葉は線形で互生するが、本種は放射状につく。高さ1～2m。●鳥海山～大山の日本海側の深山に生える常緑針葉低木。

◆見分けのポイント

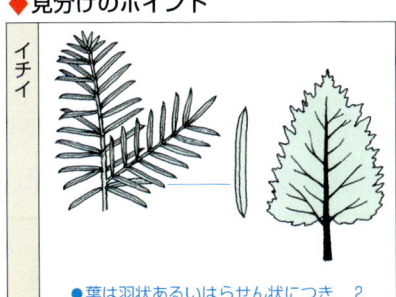

イチイ
- ●葉は羽状あるいはらせん状につき、2列に平らに並ぶ。葉の幅は1.5～2mm。
- ●幹は直立し、高さ10～20mの高木。

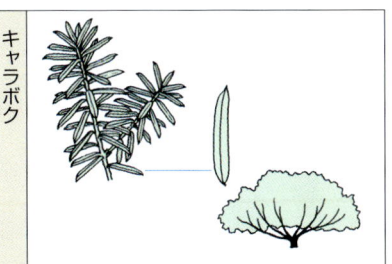

キャラボク
- ●葉は放射状につく。葉の幅は2～3mmでイチイよりやや広く、厚みがある。
- ●下部から分枝し、高さ1～2mの低木。

針葉樹

カヤ／イヌガヤ

イチイ科／イヌガヤ科

葉先にさわって痛ければカヤ、イヌガヤの葉先は痛くない

カヤ（榧）
花期・4〜5月／果期・9〜10月

● 葉先が鋭くとがり、かたくてさわると痛い。果実は秋に紫褐色に熟して裂ける。種子は両端がとがり、縦の溝があり楕円形（だえんけい）でかたい。高さ20〜30m。
● 宮城県以南、四国、九州の山地に生える常緑針葉高木。種子は食用。

イヌガヤ（犬榧）
花期・3〜4月／果期・9〜10月

● 葉先はカヤより鈍く、やわらかいのでさわっても痛くない。果実はカヤよりまるみがある倒卵形（とうらんけい）で、皮の汁はやに臭い。高さ6〜15m。● 本州、四国、九州の山地に生える常緑針葉高木。和名は種子が食べられないから。

◆見分けのポイント

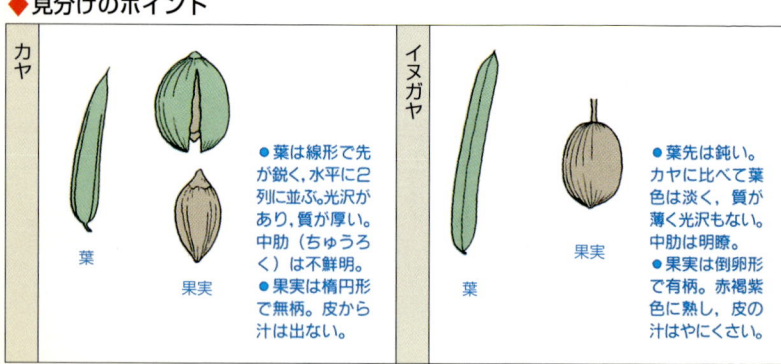

カヤ
葉／果実

● 葉は線形で先が鋭く、水平に2列に並ぶ。光沢があり、質が厚い。中肋（ちゅうろく）は不鮮明。
● 果実は楕円形で無柄。皮から汁は出ない。

イヌガヤ
葉／果実

● 葉先は鈍い。カヤに比べて葉色は淡く、質が薄く光沢もない。中肋は明瞭。
● 果実は倒卵形で有柄。赤褐紫色に熟し、皮の汁はやにくさい。

木の情景 **イチョウ**（公孫樹、銀杏） 大木に扇形の葉をつけ、秋に美しく黄葉する。庭木、街路樹、寺社などで親しまれている中国原産のイチョウ科の落葉高木（兵庫県姫路市 11.23）

木の情景　↑旺盛な樹勢を見せるイチョウの大樹（東京都八王子市由木　9.28）

↓イチョウの雄花　雄しべが多数つく（5.8）　　↓ギンナン　雌株につき、熟すと臭い（11.2）

↑ソテツの雄花 (7.8)　　　　　↑ソテツの雌花 (7.6)

→ソテツの種子　長さ2～4cmの広卵形で、晩秋から初冬に朱赤色に成熟する（東京都八丈島　11.31）

ソテツ（蘇鉄）　九州南部から沖縄にかけて野生分布するソテツ科の常緑低木。庭や公園によく植えられている。高さ1～5m。茎は太い円柱形で、全面に葉の落ちたあとが並ぶ。葉は大形の羽状複葉で長さ0.5～2m、小葉は線形で光沢がある。6～8月に開花。雌雄異株。雄花は円柱形で直立し、雌花は多数の雌しべが球状に集まる。

針葉樹

木の情景 断崖上でたくましく生きる野生のソテツ群（沖縄県国頭村　4.28）

植物用語図解
(本書で使った用語を中心に)

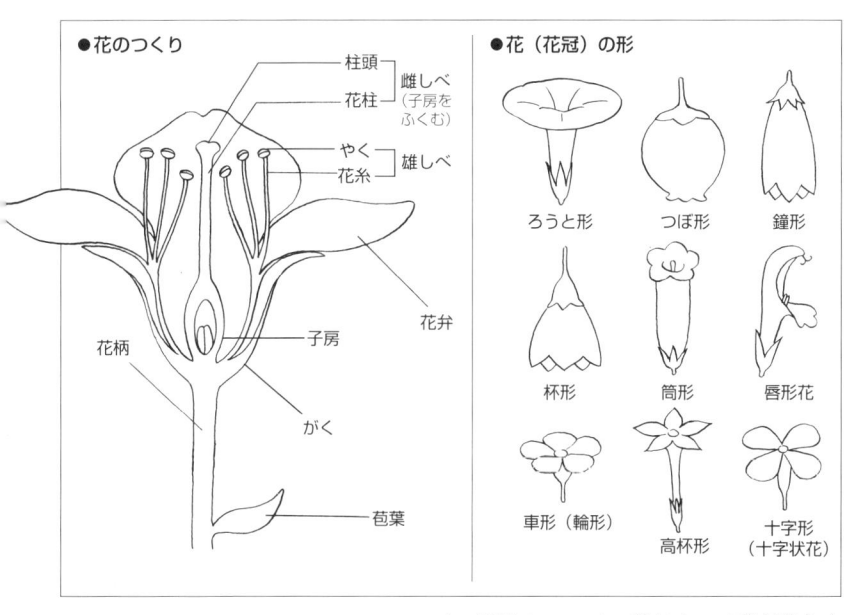

●花のつくり

- 柱頭
- 花柱
- 雌しべ（子房をふくむ）
- やく
- 花糸
- 雄しべ
- 花弁
- 花柄
- 子房
- がく
- 苞葉

●花（花冠）の形

- ろうと形
- つぼ形
- 鐘形
- 杯形
- 筒形
- 唇形花
- 車形（輪形）
- 高杯形
- 十字形（十字状花）

■あ行

1日花（いちにちばな） 開花したその日のうちにしぼんでしまう花。例：ムクゲ、フヨウなど。

羽状（うじょう） 1枚の葉が鳥の羽のように切れこむこと。

羽状複葉（うじょうふくよう） 小葉が葉の中心の軸（葉軸）の両側に羽のようにならび、全体として1枚の葉を形成している葉。

液果（えきか） 成熟すると果皮に多量の水分を含み、やわらかくふくらむ果実。反対に、水分を失って乾燥する果実を乾果という。

黄葉（おうよう） 秋になって葉が黄色くなること。

■か行

花冠（かかん） 花弁全体をさす語。植物分類上では合弁花冠、離弁花冠に分ける。また、花の形態から蝶形花冠、唇形花冠などの呼び方もある。

核（かく） 果実の内果皮が硬化して、石質のようになったもの。これにより中の種子が保護される。例：ウメ、モモなど（核果を参照）。

がく（萼） 花冠の外側にある部分。個々をがく片という。花弁と区別できるものと、花弁のように見えるものがある。ふ

● 花序（花のつき方）

総状花序　　穂状花序　　散房花序

散形花序　　円錐花序

2出集散花序　　頭状花序

● 子房の位置

子房下位 — 柱頭、雄しべ、花冠、子房、がく

子房上位 — 柱頭、雄しべ、花冠、子房、がく

↓ややかたい革質の葉（ツバキ）

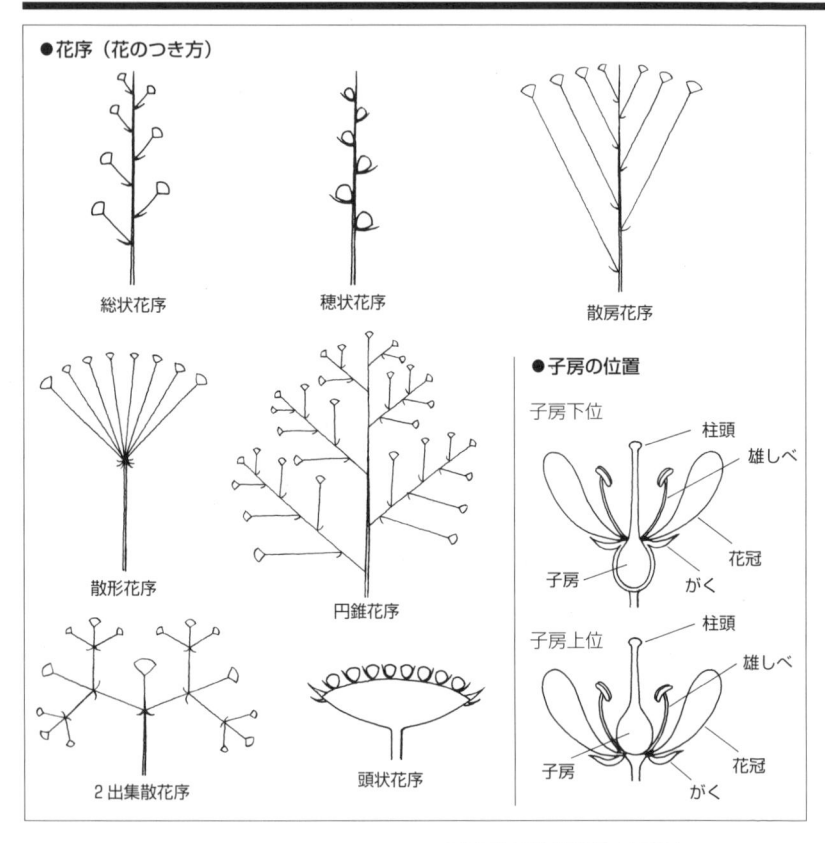

つうは緑色だが、種類によって赤、白、紫色などのがくもある。

核果（かくか）　外果皮が薄く、中果皮が厚くて水分を多量に含み、内果皮はかたい核となって種子を包む果実。

革質（かくしつ）　葉の質感を表すときに使う語。やわらかい革製品のようにしなやかで、やや厚みがある葉をいう。

殻斗（かくと）　ナラやカシ類の果実（どんぐり）の下部を包むおわん形の部分。多数の苞葉が合着したもの。

● 葉のつき方

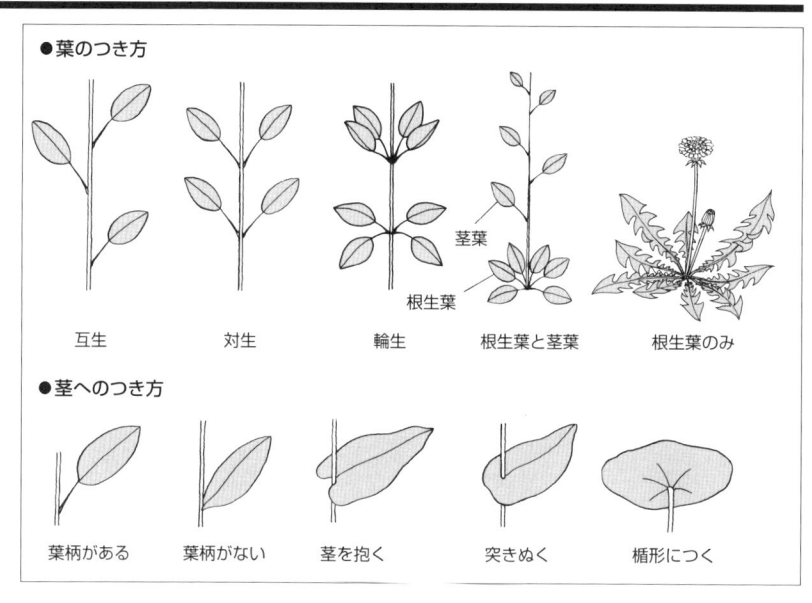

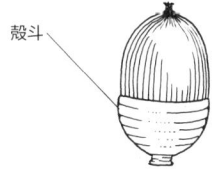

互生　対生　輪生　根生葉と茎葉　根生葉のみ

茎葉
根生葉

● 茎へのつき方

葉柄がある　葉柄がない　茎を抱く　突きぬく　楯形につく

殻斗

花糸（かし）　やくを支えている雄しべの糸状の柄の部分。

果実（かじつ）　花の子房が熟して変わったもの。針葉樹には子房がないので真の果実はない。

仮種皮（かしゅひ）　種子を包んでいる膜状のもの。花の胚珠の柄や胎座の一部が特殊な発育をしてできる。例：マユミ、マサキなどの種子の赤い皮。

花序（かじょ）　花のつき方や花の集まり方。あるいは、花の集まった枝全体のこと(左ページの図、参照)。

花穂（かすい）　小さい花が集まり、円錐状や円柱状になっている花序。

花柱（かちゅう）　雌しべの子房より上の部分。先端を柱頭という。

花被（かひ）　がくと花冠を総称していう語。ふつう、がくと花冠の区別がないときなどに使う。個々を花被片という。

果皮（かひ）　果実の皮。子房壁が発達してできた部分で、中の種子を包んでいる。

株立状（かぶだちじょう）　根ぎわから多数の茎を分けて成長する状態。

花柄（かへい）　一つひとつの花をつけている柄のこと。

稈（かん）　タケやイネなど、イネ科植物の茎をいう。中空でところどころに環状の節がある。

帰化植物（きかしょくぶつ）　もとは日本になかった外国の植物が、人為で日本に入り、日本の野生植物と同じように暮らしているもの。

● 複葉

偶数羽状複葉　　奇数羽状複葉　　3出複葉　　2回3出複葉

掌状複葉　　2回羽状複葉　　3回羽状複葉

↓鋸歯（アジサイ）

気根（きこん）　茎から出て空気中にむきだしになっている根。

球果（きゅうか）　マツ、スギ、ヒノキなど針葉樹にみられる球状の果実。木質化した多数の鱗片が密集し、その内側に種子をつける。種類により楕円形、円形、円錐形などがある。いわゆる「まつぼっくり」の類。被子植物の果実とは意味が異なる。

鋸歯（きょし）　葉の縁のぎざぎざ。のこぎりの刃のようになっている。並んだ刃先の形によって鋭鋸歯、鈍鋸歯などという。大小組みあわさったものは重鋸歯という。

群生（ぐんせい）　同じ種類の植物が、ま

●葉の形

線形　広線形　長楕円形　披針形　広披針形　倒披針形　へら形

●葉のつくり

楕円形　円形　卵形　倒卵形

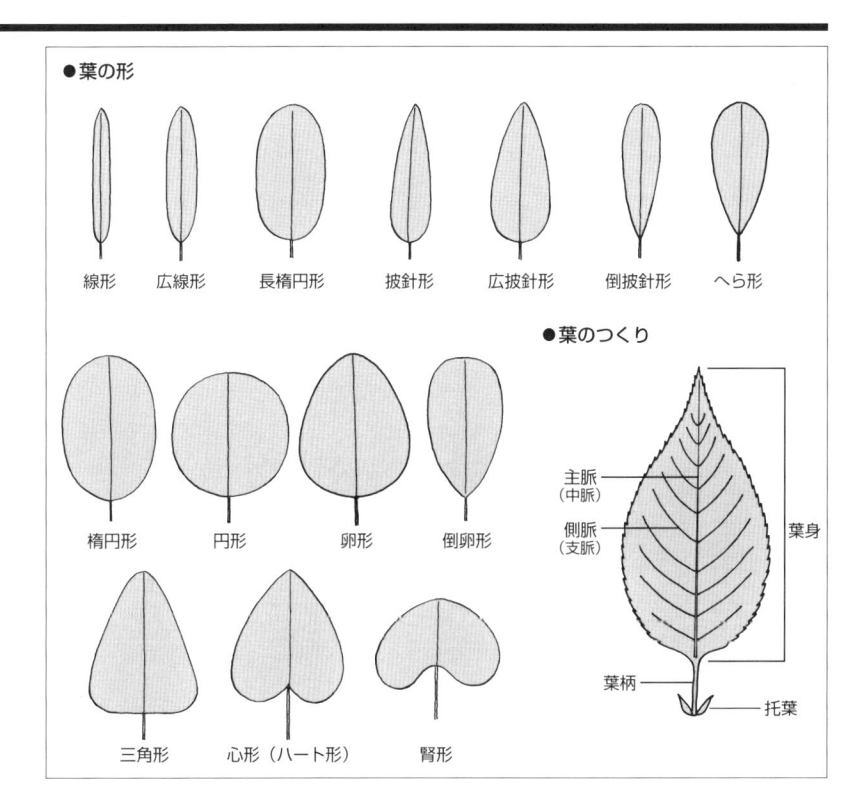

三角形　心形（ハート形）　腎形

主脈（中脈）
側脈（支脈）
葉身
葉柄
托葉

とまってたくさん生えていること。
群落（ぐんらく）　一定の場所に、いろいろな関わりをもちながら生活している植物の集団。
堅果（けんか）　果皮が木質でかたく、中に種子があり、熟しても裂けない果実。例：クリ、クヌギ、コナラなど。
原生林（げんせいりん）　古くからほとんど人手が加わっておらず、また近年に大きな災害も受けていない林。
根茎（こんけい）　地中に横たわり、根のような形をしている地下茎。

■さ行

さく果（蒴果）　子房が2室以上あり、それが成熟して果実となったもの。熟すと果皮が乾燥して縦に裂け、種子を飛ばす。
歯牙（しが）　葉の縁のぎざぎざの一形態。ぎざぎざが葉の先に向いている鋸歯と異なり、山形になっているものをいう。
雌花序（しかじょ）　雌花のみの花序。
自生（じせい）　人為によらず、もとから自然の中に生育していること。
自然林（しぜんりん）　人工林に対する語。植林などによらずに成り立っている林。

● 葉の縁の形

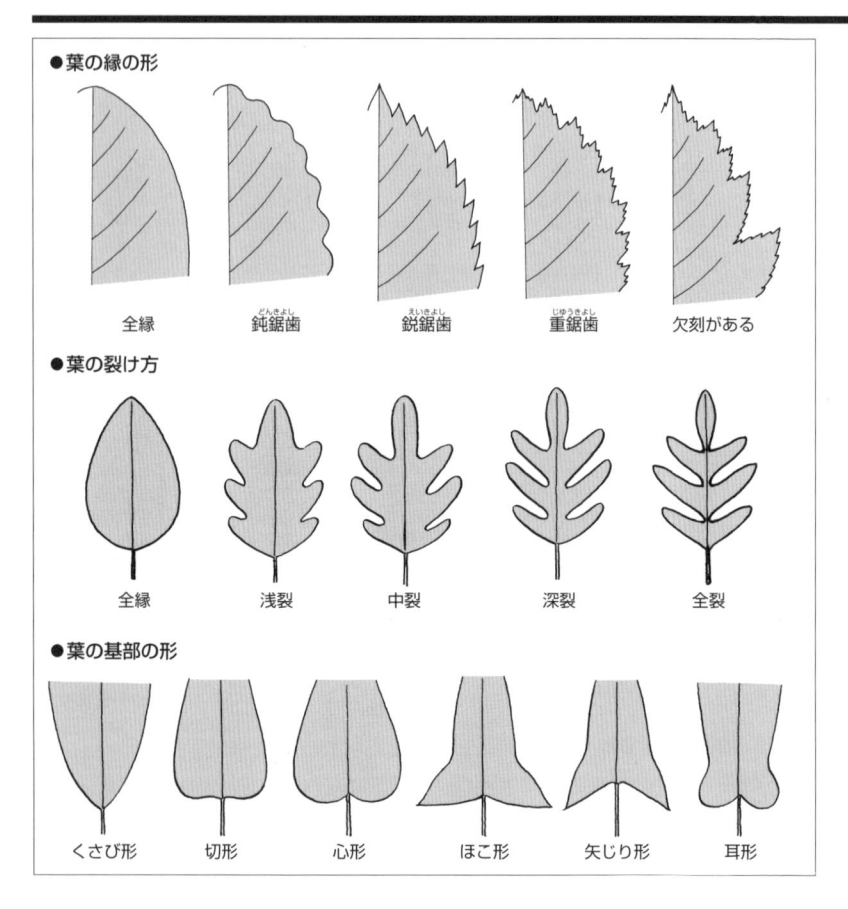

全縁　　鈍鋸歯（どんきょし）　鋭鋸歯（えいきょし）　重鋸歯（じゅうきょし）　欠刻がある

● 葉の裂け方

全縁　　浅裂　　中裂　　深裂　　全裂

● 葉の基部の形

くさび形　　切形　　心形　　ほこ形　　矢じり形　　耳形

広い意味では、伐採あとに回復したような林なども含める。

雌雄異株（しゆういしゆ）　同種の植物で、雄花と雌花の区別があり、それぞれが別々の株につくこと。雌雄別株ともいう。

雌雄同株（しゆうどうしゆ）　上記の雌雄異株に対して、雄花と雌花があって同じ株につくこと。

集合果（しゅうごうか）　一つの花で多数の雌しべをもつもので、それぞれが果実になって、一つにまとまったもの。全体で1個の果実のように見える。

樹冠（じゅかん）　成木の上部で枝や葉が茂っている部分。

種子（しゅし）　子房の中の胚珠（はいしゅ）が受精して成熟（じゅせい）したもの。

種鱗（しゅりん）　球果につく種子をつけた鱗片（りんぺん）。成熟した球果では種鱗は木質化してかたくなり、内側に種子がつく。

純林（じゅんりん）　森林の高木がほとん

ど同じ種類で構成されている林。

掌状（しょうじょう）　手のひらを広げたような形。葉の形をいうときに使う。

小葉（しょうよう）　複葉についている1枚1枚の葉のこと。小さい葉という意味ではない。大形の小葉もある。

照葉樹林（しょうようじゅりん）　スダジイ、タブノキ、ツバキなどの常緑広葉樹からなる林。葉は厚くて光沢がある。おもに関東から西南部の平地や丘陵地に発達する。

全縁（ぜんえん）　葉の縁に鋸歯などの凹凸がなく、なめらかなこと。

腺毛（せんもう）　粘液を分泌するために先端にふくらみをもった毛。

叢生（そうせい）　多数の茎が根ぎわからまとまって生えることや、多数の葉が一つの節から群がって出るように見える状態をいう。

束生（そくせい）　葉のつき方、茎の出方などをいう語。葉の場合、枝の先端に束になってついたり、茎の一つの節から多数の葉が同じ方向につくこと。茎の場合は、根ぎわから多数の茎が株立状に出ること。叢生と同じに使うこともある。

■た行

袋果（たいか）　1個の心皮（雌しべを構成する葉）からなる子房が成熟して果実となったもの。熟すと乾き、心皮の合わせ目で縦に裂け、種子を出す。例：アケビなど。

短枝（たんし）　節間がつまった短い枝。ここに葉や花が集まってついたりする。対するふつうの枝は長枝という。

地下茎（ちかけい）　地下にある茎のこと。形質により根茎、塊茎、球茎、鱗茎などに分けられる。成長に必要な栄養分をたくわえている。

雌雄異株

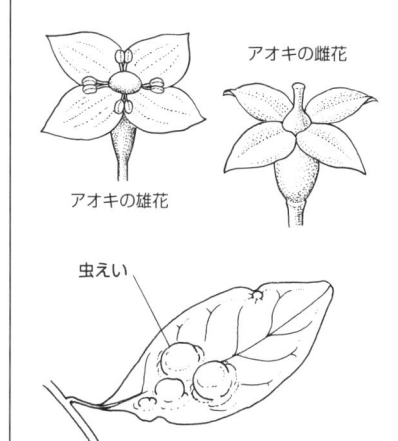

アオキの雌花

アオキの雄花

虫えい

虫えい（ちゅうえい）　アブラムシ、ハチなどの昆虫が、植物に卵を産みつけたり、寄生したりして、植物のその部分がこぶのようにふくれたもの。昆虫と植物の関係でこぶの形はだいたいきまっている。虫こぶともいう。

蝶形花（ちょうけいか）　チョウのような形に見える花。マメ科の花の特徴。5枚の花弁の上の1枚が大きく、下の4枚が左右対称についている。

つる性植物（つるせいしょくぶつ）　つるをもって地上をはったり、ほかのものにからみついて伸びていく植物。茎は直立できない。

天然記念物（てんねんきねんぶつ）　法律によって保護するために指定された自然。植物や動物の種類、その生息地や群落、地質や鉱物などが指定されている。世界的にも価値が高いものは「特別天然記念物」とされる。国（文化庁）の指定のほかに、県や市町村でも指定している。

豆果（とうか）　袋果と同じく1個の心皮からなる子房が成熟してできた果実で、

熟すと乾いて、心皮の合わせ目とその反対側で裂ける。マメ科の果実の特徴。
特産種（とくさんしゅ）　ある特定の地域にのみ生育している動植物の種類。固有種と同じ意味でいうこともある。日本特産種といえば、地球上で日本にしか生育していない種類。

■は行

複葉（ふくよう）　1枚の葉がいくつにも深く切れこんで、多数の葉に分かれたように見えるもの。
苞葉（ほうよう）　葉の変形したもので、芽やつぼみを包み、花の近くにある葉。多くはふつうの葉より小形になり、別の役目をする。

■ま行

巻きひげ（まきひげ）　枝や葉の一部が細長いつるに変形したもの。ほかのものに巻きついて伸びていく。
蜜腺（みつせん）　花の蜜を分泌する器官のこと。ふつうは花の基部にある。

■や行

やく（葯）　花粉をつくり、入れておく袋状の器官。雄しべの先端にあり、成熟すると花粉を放出する。
雄花序（ゆうかじょ）　雄花ばかりでつくられている花序。例：ヤナギ、クワなど。
洋紙質（ようししつ）　葉の質感をいうときに使う語。洋紙とはコピー用紙ぐらいの厚さをさし、紙のような感じがする薄手の葉を表す。例：イロハカエデ、イタヤカエデなど。
翼（よく）　茎や葉柄などの縁に張り出している平たい部分。「ひれ」ともいう。
翼果（よくか）　堅果の1種で、果皮が伸長してできた平たい羽のような部分（翼）をもった果実。例：カエデ類、ニレ類、シラカバなど。

■ら行

稜（りょう）　茎、枝、果実、種子などの隆起した線条のこと。稜線、稜角ともいう。
両性花（りょうせいか）　一つの花に雄しべと雌しべ両方とも備えた花。例：サクラ類、バラ類など。

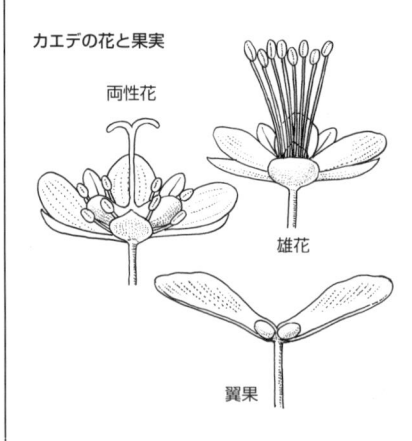

カエデの花と果実

両性花

雄花

翼果

↓翼（ヌルデ）

植物名索引

*細字は解説文内に記した別名

■ア

アオカズラ	266	
アオキ	218	
アオダモ	28	
アオツヅラフジ	266	
アオノツガザクラ	166	
アオハダ	247	
アカエゾマツ	306	
アカガシ	271	
アカギツツジ	10	
アカジシャ	101	
アカシデ	282	
アカヌマシモツケ	190	
アカバナヒルギ	168	
アカマツ	300	
アカメモチ	76	
アカヤシオ	10	
アキグミ	172	
アキサンゴ	94	
アキニレ	124	
アケビ	268	
アケビカズラ	268	
アケボノスギ	296	
アケボノツツジ	10	
アコウ	118	
アコギ	118	
アサノハカエデ	236	
アサマツゲ	254	
アサマブドウ	215	
アジサイ	200	
アズキナシ	82	
アスナロ	293	
アズマイバラ	186	
アズマシャクナゲ	164	
アズマヒガン	66	
アセビ	20	
アツシ	124	
アブラチャン	94	
アベマキ	276	
アベリア	33	
アマチャ	199
アメリカキササゲ	151
アメリカスズカケノキ	84
アメリカデイコ	56
アメリカノウゼンカズラ	152
アメリカヒイラギ	248
アメリカ・ホリー	248
アメリカヤマボウシ	34
アメリカロウバイ	112
アラカシ	272
アララギ	315
アワノミツバツツジ	18
アワブキ	181
アンズ	70

■イ

イザヨイバラ	189
イシゲヤキ	124
イタジイ	278
イタヤカエデ	232
イタヤメイゲツ	230
イチイ	315
イチイガシ	273
イチョウ	317,318
イヌエンジュ	55
イヌガヤ	316
イヌグス	96
イヌコリヤナギ	137
イヌザクラ	68
イヌザンショウ	48
イヌシデ	282
イヌツゲ	254
イヌブナ	274
イヌマキ	314
イノコシバ	160
イブキ	294
イボタノキ	29
イボタヒョウタンボク	149
イモノキ	167
イヨミズキ	88
イリシバ	44

イリヒサカキ	44
イロハカエデ	227,228
イロハモミジ	228
イワガラミ	197
インドトキワサンザシ	260

■ウ

ウグイスカグラ	32
ウグイスノキ	32
ウケザキオオヤマレンゲ	108
ウコギ	38
ウコンバナ	94
ウシブドウ	265
ウスギモクセイ	212
ウスノキ	162
ウツギ	92
ウノハナ	92
ウバヒガン	66
ウバメガシ	273
ウマグリ	46
ウメ	70
ウメモドキ	245
ウラジロガシ	272
ウラジロノキ	82
ウラジロモミ	310
ウリカエデ	235
ウリハダカエデ	234
ウルシ	251
ウワミズザクラ	68
ウンゼンツツジ	13

■エ

エゾアジサイ	199
エゾエノキ	123
エゾスグリ	201
エゾノコリンゴ	79
エゾノツガザクラ	166
エゾマツ	306
エゾヤマザクラ	61
エゾユズリハ	59
エドヒガン	66

エニシダ …………………52
エノキ ……………………122
エノコロヤナギ …………138
エビスグサ ………………114
エビヅル …………………224
エルム ……………………124
エンコウカエデ …………232
エンジュ …………………55

■オ

オウバイ …………………52
オオイタヤメイゲツ ……230
オオウラジロノキ ………83
オオエンジュ ……………55
オオガシ …………………271
オオカナメモチ …………76
オオクロウメモドキ ……226
オオシマザクラ …………64
オオシラビソ ……………308
オオズミ …………………83
オオツクバネウツギ ……33
オオツヅラフジ …………266
オオツリバナ ……………242
オオデマリ ………………147
オオナラ …………………280
オオバイボタ ……………29
オオバガシ ………………271
オオバクロモジ …………100
オオバヂシャ ……………159
オオバヒルギ ……………168
オオハマボウ ……………178
オオバヤシャブシ ………130
オオフジイバラ …………186
オオモミジ ………………228
オオヤマザクラ …………61,62
オオヤマレンゲ …………108
オカウコギ ………………38
オガタマノキ ……………109
オガラバナ ………………236
オクイボタ ………………29
オトコヨウゾメ …………207
オニイタヤ ………………232
オニウコギ ………………38
オニグルミ ………………134
オヒョウ …………………124

オヒルギ …………………168
オマツ ……………………300
オンコ ……………………315

■カ

カイコウズ ………………56
カイヅカイブキ …………294
カイナンサラサドウダン …22
カエデバスズカケ ………84
ガクアジサイ ……………198
カクミノスノキ …………162
カクレミノ ………………220
カゴガシ …………………264
カゴノキ …………………264
カザンデマリ ……………260
カシオシミ ………………161
カシグルミ ………………134
カジノキ …………………120
ガジュマル ……………118,119
カシワ ……………………280
カスミザクラ ……………63,64
カツラ ……………………117
カナウツギ ………………196
カナクギノキ ……………100
カナメモチ ………………76
カバノキ …………………128
ガマズミ …………………206
カミエビ …………………266
カヤ ………………………316
カラコギカエデ …………238
カラタケ …………………142
カラタネオガタマ ………109
カラボケ …………………73
カラマツ …………………313
カラモモ …………………70
カワグルミ ………………135
カワヤナギ ………………138
カワラゲヤキ ……………124
ガンピ ……………………173
カンヒザクラ ……………69
カンボウフウ ……………135
カンボタン ………………115

■キ

キササゲ …………………151

キシツツジ ………………15
キシモツケ ………………190
キタゴヨウマツ …………302
キタヤマダイスギ ………298
キハギ ……………………257
キハチス …………………176
キヒヨドリジョウゴ ……202
キブシ ……………………37
キャラボク ………………315
ギョウジャノミズ ………225
キョウチクトウ …………156
キヨスミミツバツツジ …16
キリ ………………………30
キンギンボク ……………149
キンシバイ ………………174
キンツクバネ ……………158
キンモクセイ ……………212
ギンモクセイ ……………212

■ク

グーズベリー ……………202
クコ ………………………210
クサイチゴ ………………193
クサギ ……………………154
クサボケ …………………73
クスタブ …………………99
クスノキ …………………96,98
クチナシ …………………150
クヌギ ……………………276
クマシデ …………………282
クマノミズキ ……………36
クリ ………………………276
クルマミズキ ……………36
クレタケ …………………142
クロウスゴ ………………215
クロウメモドキ …………226
クロガネモチ ……………246
クロツバラ ………………226
クロバイ …………………160
クロバナロウバイ ………112
クロブナ …………………274
クロベ ……………………293
クロマツ …………………300
クロマメノキ ……………215
クロモジ …………………100

クワ ……………………120

■ケ

ケヤキ ………………121,122
ケヤマザクラ ………………63
ケヤマハンノキ ……………132
ゲンペイカズラ ……………154
ゲンペイクサギ ……………154

■コ

コウゾ …………………120
コウメ（スノキ）………………162
コウメ（ニワウメ）……………74
コウヤミズキ …………………89
コウリヤナギ …………………137
ゴガツイチゴ …………………192
コガノキ ………………264
コガンピ ………………173
コクワ …………………222
コケモモ ………………216
コゴメウツギ …………………196
コゴメバナ ……………………80
コシアブラ ……………………167
コジイ …………………278
コシキブ ………………208
コデマリ ………………80
ゴトウヅル ……………………197
コナシ ……………………79
コナラ ……………………281
コハウチワカエデ ……………230
コハクウンボク ………………159
コバシジノキ ……………………28
コバチ ……………………27
コバノガマズミ ………………206
コバノトネリコ …………………20
コバノフユイチゴ ……………258
コバノミツバツツジ ……………18
コバンノキ ……………………253
コヒガンザクラ ………………66
コブシ …………………106
コフジウツギ …………………157
ゴマギ …………………146
コマユミ ………………240
コミネカエデ …………………237
コムラサキ ……………………208

コメゴメ ………………208
コメツガ ………………312
ゴヨウマツ ……………………302
コリヤナギ ……………………137
コリンゴ ……………………79
コルククヌギ …………………276
ゴンズイ ………………205
ゴンゼツ ………………167

■サ

サイゴクミツバツツジ …18
サカキ ……………………44
サキシマオウノキ ……170
ザクロ ……………………219
サザンカ …………………42
サツキ ……………………21
サトウカエデ …………………238
サネカズラ ……………………265
サラサドウダン ……………22
サルスベリ ……………………171
サルナシ ………………222
サワアジサイ …………………198
サワグルミ ……………………135
サワシデ ………………283
サワシバ ………………282
サワダツ ………………243
サワフタギ ……………………214
サワラ ……………………290
サンカクヅル …………………225
サンゴシトウ …………………56
サンシュユ ………………94
サンショウ ………………48
サンショウバラ ………………189

■シ

シウリザクラ ………………68
シオジ ……………………27
シキザキモクセイ …212
シキビ ……………………110
シキミ ……………………110
シダレザクラ …………………66
シダレヤナギ …………………136
シデコブシ ……………………102
シデノキ ………………282
シドミ ……………………73

シナサワグルミ …………135
シナノキ ………………179
シナヒイラギ …………………248
シナマンサク ………………86
シナレンギョウ ………24
シバグリ ………………276
シマサルスベリ ………………171
シモクレン ……………………104
シモツケ ………………190
シャクナゲ ……………………164
シャクヤク ……………………114
ジャケツイバラ ………58
シャラノキ ……………………175
シャリンバイ ………78,194
シュロ ……………………141
シラカシ ………………272
シラカバ ………………127,128
シラカンバ ……………………128
シラクチヅル …………………222
シラハギ ………………255
シラビソ ………………308
シロシデ ………………282
シロバナヒルギ ………………168
シロブナ ………………274
シロモジ ………………101
シロヤシオ ………………12
シンジュ ………………182
ジンチョウゲ …………………40

■ス

スギ ……………………298,299
ズサ ……………………94
スズカケノキ …………………84
スダジイ ………………278
スノキ ……………………162
ズミ ……………………79
スモモ ……………………72

■セ

セイヨウスグリ …………202
セイヨウトチノキ ………46
セイヨウベニカナメ …76
セッコツボク ………………31
センリョウ ………284,285

索引　331

■ソ

ソウシカンバ …………128
ソクズ …………………31
ソシンロウバイ ………112
ソテツ ……………319,320
ソトベニハクモクレン…102
ソバグリ ………………274
ソメイヨシノ ……………60
ソメシバ ………………160
ソロ ……………………282

■タ

タイサンボク …………203
ダイシコウ ……………109
タイワンサルスベリ……171
タイワンフウ ……………90
タイワンマツ …………118
タカオモミジ …………228
タカネザクラ …………191
タカノツメ ……………167
ダケカンバ ……………128
ダケモミ ………………310
タチシャリンバイ …78,194
タチバナモドキ ………260
タニウツギ ……………145
タブノキ …………………96
タマアジサイ …………199
タマツバキ ……………211
タムシバ ………………106
ダンコウバイ ……………94
タンナサワフタギ………214

■チ

ヂシャ ……………………94
チャイニーズ・ホリー…248
チャンチン ……………182
チョウジザクラ …………65
チョウセンレンギョウ …24

■ツ

ツガ ……………………312
ツクシウコギ ……………38
ツクシウツギ ……………92
ツクシハギ ……………257

ツクバネウツギ …………33
ツクバネガシ …………271
ツゲ ……………………254
ツヅラフジ ……………266
ツノハシバミ …………126
ツバキ ……………………42
ツブラジイ ……………278
ツリバナ ………………242
ツルアジサイ …………197
ツルウメモドキ ………245
ツルコウジ ……………286
ツルコケモモ …………216
ツルシキミ ……………111
ツルデマリ ……………197
ツルマサキ ……………244

■テ

ディグ ……………………56
デイコ ……………………56
デイゴ ……………………56
テウチグルミ …………134
テツカエデ ……………234
テツノキ ………………234
テツリンジュ ……………76
テマリバナ ……………147
テリハノイバラ ………186
デロ ……………………140
テングノハウチワ………220

■ト

トウオガタマ …………109
トウカエデ ………………90
トウゴクミツバツツジ …16
トウジイ …………………97
トウジュロ ……………141
ドウダンツツジ …………22
トウナンテン …………116
トウネズミモチ ………211
トウヒ …………………306
トウモクレン ……104,105
トガスグリ ……………201
トキワアケビ …………268
トキワサンザシ ………260
ドクウツギ ……………249
トサノミツバツツジ ……18

トサミズキ ………………88
トチシバ ………………160
トチノキ …………………46
トドマツ ………………308
トビラノキ ……………194
トベラ …………………194
ドロノキ ………………140
ドロヤナギ ……………140

■ナ

ナガジイ ………………278
ナガハシバミ …………126
ナギイカダ ……………287
ナツグミ ………………172
ナツコガ ………………100
ナツツバキ ……………175
ナツハギ ………………256
ナツハゼ ………………161
ナナカマド ……………263
ナワシログミ …………172
ナンキンハゼ …………252
ナンジャモンジャ ………26
ナンテン ………………267

■ニ

ニオイコブシ …………106
ニガイチゴ ……………192
ニガタケ ………………142
ニシキウツギ …………148
ニシキギ ………………240
ニシキモクレン ………102
ニセアカシア ……………55
ニッケイ …………………99
ニッコウツリバナ ……242
ニッコウモミ …………310
ニワウメ …………………74
ニワウルシ ……………182
ニワザクラ ………………74
ニワトコ …………………31

■ヌ

ヌマスギ ………………296
ヌルデ …………………251

■ネ

ネコヤナギ …………………138
ネジキ ………………………161
ネズコ ………………………293
ネズミモチ …………………211
ネムノキ ……………………184

■ノ

ノイバラ ……………………186
ノウゼンカズラ ……………152
ノダフジ ………………………50
ノブドウ ……………………224

■ハ

ハイネズ ……………………295
ハイノイバラ ………………186
ハイノキ ……………………160
ハイビスカス ………………177
ハイマツ ……………………305
ハウチワカエデ ……………230
ハクリノメ ……………………82
ハギ …………………………256
ハクウンボク ………………159
ハクサンシャクナゲ ………164
バクチノキ …………………262
ハクモクレン ………………102
ハクレン ……………………102
ハゲシバリ …………………130
ハコネウツギ ………………148
ハコヤナギ …………………140
ハジカミ ………………………48
ハシドイ ……………………158
ハシバミ ……………………126
ハじ …………………………250
ハゼノキ ……………………250
ハタンキョウ …………………72
ハチク ………………………142
ハチス ………………………176
バッコヤナギ ………………138
ハナイカダ …………………287
ハナカエデ …………………238
ハナゾノツクバネウツギ ……33
ハナノキ ……………………238
ハナノキ(シキミ) …………110

ハナミズキ ……………………34
ハニシ ………………………250
ハハカ …………………………68
ハマナス ……………………188
ハマヒサカキ …………………44
ハマボウ ……………………178
バライチゴ …………………193
ハリエンジュ …………………55
ハリノキ ……………………132
バリバリノキ ………………264
ハルコガネバナ ………………94
ハルニレ ……………………124
ハンノキ ……………………132

■ヒ

ヒイラギ ……………………210
ヒイラギナンテン …………116
ヒイラギモクセイ …………213
ヒカゲヘゴ …………………288
ヒガンザクラ …………………66
ヒサカキ ………………………44
ヒシバデイコ …………………56
ヒトツバタゴ …………………26
ヒトツバハギ ………………253
ビナンカズラ ………………265
ヒノキ …………………290,292
ヒマラヤスギ ………………304
ヒマラヤトキワサンザシ …260
ヒメアオキ …………………218
ヒメウコギ ……………………38
ヒメウツギ ……………………93
ヒメエニシダ …………………52
ヒメコウゾ …………………120
ヒメコブシ …………………102
ヒメコマツ …………………302
ヒメシャラ …………………175
ヒメモクレン ………………104
ヒメヤシャブシ ……………130
ヒメユズリハ …………………59
ヒャクジツコウ ……………171
ビャクシン …………………294
ヒュウガミズキ ………………88
ヒョウタンボク ……………149
ビヨウヤナギ ………………174
ヒマラヤシーダー …………304

ヒマラヤスギ ………………304
ビランジュ …………………262
ヒロハオオズミ ………………79
ヒロハツリバナ ……………242

■フ

フウ ……………………………90
フウリンツツジ ………………22
フジ ……………………………50
フジウツギ …………………157
フジキ ………………………185
フジグルミ …………………135
フジザクラ ……………………65
ブッソウゲ …………………177
ブナ …………………………274
フユイチゴ …………………258
フヨウ ………………………176
プラタナス ……………………84
フリソデヤナギ ……………138

■ヘ

ベニガクヒルギ ……………168
ベニシタン …………………261
ベニバナトチノキ ……………47
ベニヤマザクラ ………………61

■ホ

ホウロクイチゴ ……………259
ホオノキ ……………………204
ホオベニエニシダ ……………54
ボケ ……………………………73
ホザキシモツケ ……………190
ホソエウリハダ ……………234
ホソエカエデ ………………234
ホソバアオダモ ………………28
ホソバヒイラギナンテン …116
ボダイジュ …………………179
ボタン ………………………114
ボタンノキ ……………………84
ホルトノキ …………………180
ホンサカキ ……………………44
ホンツゲ ……………………254

■マ

マキ …………………………314

マサカキ …………………44
マサキ ……………………244
マダケ ……………………142
マタタビ …………………222
マツブサ …………………265
マテバシイ ………………97
ママッコ …………………287
マメザクラ ………………65
マユミ ……………………241
マルス ……………………202
マルバアオダモ …………28
マルバウコギ ……………38
マルバウツギ ……………92
マルバシャリンバイ …78,195
マルバハギ ………………256
マルバフユイチゴ ………258
マルバマンサク …………87
マロニエ …………………46
マンサク …………………86
マンリョウ ………………284

■ミ

ミズキ ……………………36
ミズナラ ……………279,280
ミツバアケビ ……………268
ミツバツツジ ……………16
ミツマタ …………………41
ミネカエデ ………………237
ミネザクラ ………………191
ミネバリ …………………130
ミムラサキ ………………208
ミヤギノハギ ……………256
ミヤマアオダモ …………28
ミヤマイチゴ ……………193
ミヤマイヌザクラ ………68
ミヤマイボタ ……………29
ミヤマウグイスカグラ …32
ミヤマガマズミ …………206
ミヤマキリシマ …………13
ミヤマザクラ ……………191
ミヤマシキミ ……………110
ミヤマツツジ ……………10
ミヤマトサミズキ ………89
ミヤマニガイチゴ ………192
ミヤマハンノキ …………132

ミヤマフジ ………………185
ミヤマフユイチゴ ………258
ミヤマホウソ ……………181
ミヤママタタビ …………222
ミヤマモミジ ……………236
ミヤマレンゲ ……………108

■ム

ムクゲ ……………………176
ムクノキ …………………122
ムベ ………………………268
ムラサキシキブ …………208
ムラサキハシドイ ………158
ムラサキヤシオ …………10
ムラダチ …………………94

■メ

メイゲツカエデ …………230
メタセコイア ……………296
メックバネウツギ ………33
メヒルギ …………………168
メマツ ……………………300

■モ

モウソウチク …………142,144
モガシ ……………………180
モクレン …………………104
モクレンゲ ………………104
モチツツジ ………………15
モチノキ …………………246
モミ ………………………310
モミジバスズカケノキ …84
モミジバフウ ……………90
モモ ………………………72

■ヤ

ヤエヤマヒルギ …………168
ヤジナ ……………………124
ヤシャブシ ………………130
ヤチダモ …………………27
ヤツデ ……………………220
ヤドリギ …………………270
ヤブコウジ ………………286
ヤブサンザシ ……………202
ヤブツバキ ………………42

ヤブデマリ ………………146
ヤブニッケイ ……………99
ヤブムラサキ ……………208
ヤマアサ …………………178
ヤマアジサイ ……………198
ヤマアララギ ……………106
ヤマウコギ ………………38
ヤマウルシ ………………250
ヤマエンジュ ……………185
ヤマグワ …………………120
ヤマグワ(ヤマボウシ) …34
ヤマザクラ ……………60,63
ヤマシャクヤク …………114
ヤマヂャ …………………159
ヤマツツジ ………………14
ヤマツバキ ………………42
ヤマテリハノイバラ ……186
ヤマトレンギョウ ………25
ヤマナラシ ………………140
ヤマネコヤナギ …………138
ヤマハギ …………………256
ヤマハゼ …………………250
ヤマブキ …………………77
ヤマフジ …………………50
ヤマブドウ ………………224
ヤマボウシ ……………34,35
ヤマモミジ ………………228
ヤマモモ …………………180

■ユ

ユキツバキ ………………42
ユキヤナギ ……………80,81
ユクノキ …………………185
ユスラウメ ………………74
ユズリハ …………………59

■ヨ

ヨソゾメ …………………206
ヨツズミ …………………206
ヨメノナミダ ……………287

■ラ

ライラック ………………158
ラカンマキ ………………314
ラクウショウ …………296,297

■リ
リュウキュウコウガイ …168
リュウキュウハゼ ………250
リラ …………………………158

■ル
ルリミノウシコロシ …214

■レ
レッドロビン ………………76
レンギョウ ………………24
レンギョウウツギ ………24
レンゲツツジ ……………163

■ロ
ロウノキ …………………250
ロウバイ ………………112

■ワ
ワジュロ …………………141

◆　　　◆　　　◆

刊行にあたって
本書は1987年に講談社マイフルール・シリーズとして刊行された次の3冊を底本としています。
『春の山野草と樹木512種』総監修・林弥栄／監修・畔上能力、菱山忠三郎、西田尚道（講談社）
『夏の山野草と樹木550種』同上
『秋の山野草と樹木505種』同上
この3冊は絶版となって久しいのですが、植物愛好者から再刊を望む声をしばしばいただいてきました。その要望にお応えして、このたび判型と編成を大幅に変え、ハンディー判の『野草 見分けのポイント図鑑』『樹木 見分けのポイント図鑑』の2本本として刊行する運びとなりました。新たに生まれ変わった本書が植物観察の友として広く愛用されることを願っています。
　　　　　　　　　　　　　　　　　　2003年2月　　編集委員会一同

本書の参考にした図書
『日本の花木』林弥栄、冨成忠夫（講談社）
『日本植物誌』大井次三郎（至文堂）
『日本の野生植物 木本Ⅰ・Ⅱ』佐竹義輔、原寛、亘理俊次、冨成忠夫（平凡社）
『原色樹木大図鑑』林弥栄、古里和夫、中村恒雄（北隆館）
『日本の樹木』林弥栄、畔上能力、菱山忠三郎、冨成忠夫他写真（山と渓谷社）
『新日本植物図鑑』牧野富太郎（北隆館）
『野山の樹木 観察図鑑』岩瀬徹（成美堂出版）
『春の樹木』『夏・秋の樹木』菱山忠三郎（主婦の友社）
『日本の天然記念物』沼田眞ほか（講談社）

本書のスタッフ
カバーデザイン：桑津透
見分けのポイント・イラスト：石川美枝子（一部、畔上能力、鈴木恵子）
写真：畔上能力、菱山忠三郎、西田尚道（一部、相生晶、岩瀬徹、浜憲治）
植物用語図解・イラスト：鈴木恵子（一部、浅井粂男）
レイアウト：桑津透、丹波草吉
編集・テキスト：青陶社・浜憲治／**編集協力**：北沢透子

監修者・画家略歴

林弥栄（はやし やさか）1911年愛知県生まれ。元東京農業大学教授、理学博士。日本林学賞受賞。著書に『日本の花木』（講談社、共著）、『原色樹木大図鑑』（北隆館、共著）、『日本の野草』『日本の樹木』（ともに山と溪谷社、共著）など。1991年没。

畔上能力（あぜがみ ちから）1933年東京都生まれ。東京経済大学卒業。多摩市文化財保護審議会委員。(社)日本植物友の会理事。朝日カルチャーセンター・NHK文化センター講師。著書に『日本の野草』『山に咲く花』（ともに山と溪谷社、共著）など。

菱山忠三郎（ひしやま ちゅうざぶろう）1936年東京都生まれ。東京農工大学林学科卒業。八王子市文化財保護審議会委員。朝日カルチャーセンター講師。著書に『花木ウォッチング100』（講談社）、『街の樹木観察図鑑』（成美堂出版）など。

西田尚道（にしだ なおみち）1938年東京都生まれ。東京農工大学林学科卒業。東京都立神代植物公園、同日比谷公園緑の相談所長を経て、(財)東京都公園協会「緑と水の市民カレッジ」講師。著書に『花木 庭木』（学習研究社）、『野に咲く花』（山と溪谷社、共著）など。

石川美枝子（いしかわ みえこ）東京都生まれ。武蔵野美術大学卒業。植物画家。朝日カルチャーセンター講師。英国王立キュー植物園、Hunt Institute, Shirley Sherwood Collectionなどで作品収蔵。2001年、米国の国立樹木園、2003年、ワシントンの日本大使館広報文化センターにて長期個展を行う。著書に『原寸イラストによる落葉図鑑』（文一総合出版、共著）など。

樹木 見分けのポイント図鑑

発行日	2003年2月17日　第1刷発行
	2005年3月22日　第5刷発行
総監修	林弥栄
監修	畔上能力、菱山忠三郎、西田尚道
イラスト	石川美枝子
発行者	野間佐和子
発行所	株式会社講談社
	〒112-8001　東京都文京区音羽2-12-21
	電話　03-3944-1294（編集部）
	03-5395-3625（販売部）
	03-5395-3615（業務部）
印刷所	大日本印刷株式会社
製本所	大口製本印刷株式会社

©Kodansha & Seitousha 2003, Printed in Japan

定価はカバーに表示してあります。
落丁本、乱丁本は購入書店名を明記のうえ、小社業務部あてにお送りください。
送料小社負担にてお取り替えいたします。
なお、この本についてのお問い合わせは、総合編纂局第二出版部あてにお願いいたします。
本書の無断複写（コピー）は著作権法上での例外を除き、禁じられています。

ISBN4-06-211600-6　　　　　　　　　　　　N.D.C.470　336p　18cm